好奇心书系
荒野寻访系列

溪流的
神秘居民

哈佛博士蝾螈寻访记

NEWT

吴耕珂 著

重庆大学出版社

图书在版编目（CIP）数据

溪流的神秘居民：哈佛博士蝾螈寻访记 / 吴耘珂
著. --重庆：重庆大学出版社，2021.6
（好奇心书系·荒野寻访系列）
ISBN 978-7-5689-2582-2

I. ①溪…　II. ①吴…　III. ①蝾螈科—中国　IV.
① Q959.5

中国版本图书馆CIP数据核字(2021)第038083号

溪流的神秘居民：
哈佛博士蝾螈寻访记
XILIU DE SHENMI JUMIN
HAFU BOSHI RONGYUAN XUNFANG JI

吴耘珂　著
策划编辑：梁　涛
策　划：　鹿角文化工作室
责任编辑：李桂英　　版式设计：周　娟　刘　玲
责任校对：王　倩　　责任印刷：赵　晟

*

重庆大学出版社出版发行
出版人：饶帮华
社址：重庆市沙坪坝区大学城西路21号
邮编：401331
电话：(023) 88617190　88617185（中小学）
传真：(023) 88617186　88617166
网址：http://www.cqup.com.cn
邮箱：fxk@cqup.com.cn（营销中心）
全国新华书店经销
天津图文方嘉印刷有限公司印刷

*

开本：720mm×1000mm　1/16　印张：12.75　字数：181千
2021年6月第1版　2021年6月第1次印刷
印数：1—5 000
ISBN 978-7-5689-2582-2　定价：68.00元

序

两栖爬行动物对于很多人来说，可能多少有点儿恐怖，但如果我们用心去观察和了解它们，就会发现它们不仅不可怕，还有可爱之处，是很有魅力的一类动物。两栖爬行动物是脊椎动物演化历程中极为关键的环节，在自然界中也扮演着重要的生态角色。如今两栖爬行动物科普书籍越来越多，但是讲述其野外考察故事的，似乎少之又少，吴耘珂博士开了个好头。

野外考察是开展两栖爬行动物研究的基础，也是苦中有乐、回味无穷的工作，正如我国两栖爬行动物学奠基人刘承钊院士（1900—1976）所言，"在野外自然环境中研究两栖爬行动物是非常快乐和幸运的事""种类繁多、千姿百态的两栖爬行动物使我忘掉所有的艰难与险阻"。老一辈学者们对野外考察故事的讲述和记录，常令我无限神往，他们在艰苦条件下克服万难的科学精神也是激励我前行的动力。如今，吴兄把他的野外考察故事娓娓道来，引人入胜，也必将影响很多后来者。

我与吴兄相识于一次野外考察的科普活动。2002年盛夏，中国科学院成都生物研究所的著名两栖爬行动物学家赵尔宓院士（1930—2016）及吴贯夫教授（1935—），带领20多个中小学生到峨眉山寻访两栖爬行动物，学习相关知识。我与吴兄幸运地参与其中，得到两位前辈的教诲。活动虽然仅有三天，却改变了我们的人生方向。那时，吴兄即将步入大学，通过这次活动，原本喜欢昆虫的他转而对两栖动物产生了兴趣，而我虽然只是中学生，也坚定了今后从事两栖爬行动物研究的决心。现在，我们能在两栖爬行动物研究领域做出一些成果，正是那次活动播下的种子。

2006 年，吴兄进入美国哈佛大学攻读博士学位，研究课题聚焦于我国特有的肥螈属物种的系统演化，因此需要在野外采集标本作为实验材料。我那时刚上大学，时间相对充裕，有幸于 2007 年至 2009 年先后四次陪同他前往广西、浙江、福建、广东等省区开展野外工作。最初，我们对蝾螈的生活习性所知甚少，手上的资料也有限，要在广阔的山川中寻找到它们，其困难可想而知。但是，我们抱有探索自然的热情，也承蒙各地朋友的支持，我们一起跨越崇山峻岭，共同总结经验、克服各种困难，从采集第一号标本到采样点逐渐覆盖整个分布图，从发现第一个蝾螈新物种到吴兄的博士论文最终完成，都是由数年野外工作的点滴积累所支撑，其中既有山重水复疑无路的心慌意乱，也有柳暗花明又一村的满心欢喜。当时我们并没有意识到，那几年是最自由、值得珍惜的一段时光，后来我们计划再一起去野外考察，却因为工作原因，多年来都未能如愿。

我很高兴看到吴兄的野外考察故事即将付梓，其中承载着我们共同的美好回忆。当我随着图文回首十多年前很多令人忍俊不禁的往事，除了感慨时光飞逝，更多的还是收获到内心的满足感——我们何其幸运，从小喜爱动物，后来从事相关研究，并以此为乐，我们曾经把一段青春时光用于探索自然之中，把一段青春回忆留在崇山峻岭之间。欣然受邀，乐为之序。

2021 年 2 月 19 日于
中国科学院成都生物研究所

前　言

　　曾几何时，国内博物学作品非常匮乏。纵然有一两本，也是东拼西凑，漏洞百出。毕竟在强调考试成绩的年代，课本以外的知识，长期被不屑一顾。很少有人会在意田野里各种蛙类的区别，或者吃的水果又属于植物的哪一个部分。然而差不多十年前，随着社交网络与自媒体的发展，零星的博物短文开始获得关注。没想到星星之火竟然唤醒了全社会对博物学的好奇。这种积极的反馈，极大鼓舞了在科研事业中埋头苦干的老师与学生。他们纷纷走出相对封闭的学术圈，编写了大量优秀的科普作品，把正确的专业知识深入浅出地介绍给大众。近两年来，与博物知识相关的书籍、画册、图鉴，呈现出百花齐放的景象。

　　因为我从小喜欢动物，本科又学了四年植物分类，现在也从事相关的研究工作，所以博物学一直是我最感兴趣的话题。当圈子里的好友把关于花鸟鱼虫、飞禽走兽的各种知识源源不断地推送出来时，我都读得津津有味。我渐渐意识到，有一个方面的内容似乎被忽略掉了。读一篇博物短文，也许只需要五分钟，但其中包含的知识，却可能需要数年野外工作的积累。否则，科学家如何知道横断山脉是世界上杜鹃花的多样性中心，新疆戈壁滩上沙蜥利用卷尾巴的行为与同类交流，或者雅鲁藏布江大峡谷中竟然隐藏着猕猴新物种？

　　以我熟悉的两栖爬行动物学为例，在 20 世纪 50—70 年代，中国科学院就对华南各省进行了数次大规模的野外考察，参加人次近百。这些流汗甚至流血的实地科考，是建立中国现代两栖爬行动物学的基石。作为科研工作者，我们既要向读者输送正确的科学知识，也应该展示获取这些知识的途径与过程。短短几行字，凝聚着科研工作者的心血，更隐藏了多少不为人知的艰难与辛酸。

感谢重庆大学出版社给了我这个机会，可以把自己十多年前的野外考察经历记录下来，呈现在读者面前。我希望这只是一个开始，会有更多同行来讲述科研成果背后的故事。我更希望这些故事能激发一些小读者的兴趣，从此走上科研的道路。

目录
CONTENTS

CONTENTS

金秀探秘

　　说起两栖动物，大众的第一反应往往是青蛙与癞蛤蟆。然而分类学中并没有任何一种两栖动物叫青蛙，也没有癞蛤蟆，这不过是它们的俗称。在中国，青蛙可能是农村常见的黑斑侧褶蛙，而癞蛤蟆则通常指的是中华蟾蜍。其实蛙与蟾蜍仅仅是五花八门的两栖动物中的一员，都隶属于无尾目。除此

★ 鸣叫的合征姬蛙

★ 溪流的神秘居民——肥螈

以外，两栖动物还包括另外两个成员——有尾目与蚓螈目。有尾目顾名思义，都长着一条长长的尾巴，以至于古人误认为它们属于蜥蜴类。人们较为熟知的娃娃鱼，学名大鲵，就是有尾目的代表。花鸟市场偶尔能见到的东方蝾螈，算是大鲵的小兄弟。蚓螈目则要神秘许多，因为它们主要分布在热带地区，一般

★ 神秘的版纳鱼螈

人根本没听说过。它们的奇特之处在于没有四肢，体型小的种类像蚯蚓，大的像鳗鱼，怎么看怎么不像两栖动物。虽然这三类两栖动物长得各不相同，却有几个共同的解剖学特征，例如皮肤裸露并具有通透性，没有毛发或鳞片，幼体通常在水里生活，绝大多数需要经历变态发育才能性成熟，等等。

中国幅员辽阔，生态环境复杂，两栖动物的种类傲居世界第五。排名前四

的国家都在南美洲，全凭着被誉为"世界动植物王国"的亚马孙热带雨林而上榜。2006年的时候，中国已知有300多种蛙与蟾蜍，40多种有尾目动物，以及1种蚓螈目代表——这根独苗就是分布在云南西双版纳的版纳鱼螈。不过随着科技的发展，DNA分子演化分析被引入分类学，越来越多的新物种被陆续发现。没承想，几年之后我也为中国两栖动物增添了好几个新成员。

2006年的夏天，我离开生活了22年的成都，前往美国哈佛大学深造，攻读博士学位，专门研究中国的两栖动物。带着一点儿戏剧性，我选择了中国特有的蝾螈科动物——肥螈，作为六年的博士课题。那时候国内研究有尾目动物的学者寥寥无几，肥螈更是鲜有人关注。肥螈属在当时只有两个物种，无斑肥螈和黑斑肥螈（关于肥螈最新分类系统的讨论，见附录）。无斑肥螈的模式产地在广西金秀大瑶山——一个在德语文献上被描述得如同香格里拉般的东方秘境。黑斑肥螈的模式产地由于年代久远，已经难以确定具体位置，只知道大约在江西东部。第二年为了寻找这个地方，还费了我不少周折。

所谓模式产地，是指发现新物种时，用来定名的标本的产地。以中国大鲵为例，其定名的标本采自四川江油市，所以江油就是中国大鲵的模式产地。换句话说，生活在江油的大鲵，最能体现这个物种的特征。由此可见，模式产地以及对应的模式标本，是分类学研究的关键。因此，我把广西金秀作为野外工作的首站。结束了在哈佛大学第一年的课程后，我怀着忐忑的心情，踏上了回国的飞机。机窗下是白茫茫的北极冰原，耳边是轰隆隆的发动机声。想着这是首次出征，颇有几分风萧萧兮易水寒的感觉。

野外工作不像旅游度假，没有别人提前写好的攻略。我需要从新华书店买的各省地图册上，通过1:20万的地形图，琢磨哪一片山区才是目的地。我无从判断，杳无人烟的森林中是否有适合肥螈栖息的小溪。只有当我真真切切地站在山脚下时，答案才会揭晓。为了给自己增添信心，我特意邀请了两位好友同行。其中一位是国内两栖爬行动物学中年轻一辈的杰出代表蒋珂，另一位是已故中国科学院院士赵尔宓老先生的研究生陈欣。

金秀如同它的名字一样，小巧而秀气。县城像一条狭长的走廊，把金秀河夹在中间。顺着中央马路便到了县城尽头的瑶族瓦房群落。我们在小巷中辗转，好不容易寻到了向导龚大爷的家。龚大爷年逾七旬，是林业局的退休员工，经常在山上的工棚过夜，所以知道在哪儿能见到肥螈。寒暄之后，我们坐上三轮车，一路向南。水泥路很快变成了黄土飞扬的土路，接着土路也到了尽头，秀丽苍郁的山脚便不经意间出现在眼前。一条宽阔而平坦的小溪从山谷中轻快地流出，前方竟然有户人家，龚大爷介绍说是水文站工作人员的住处。伴随着探索未知的兴奋，周围环境的每一个细节都深深吸引了我。一群鸭子在小溪里悠闲地整理羽毛，黑色与红色的豆娘相互追逐，累了就落在水中冒出头的石头上休息。岸边的尼龙口袋里装满了当地人捉来喂鸭子的泽蛙蝌蚪。水泥墙外高大的蕨叶上，有一只浑身带刺的竹节虫正在大快朵颐。

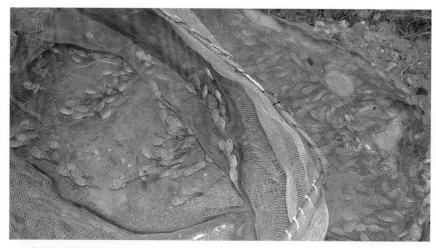

★ 即将葬身鸭腹的泽蛙蝌蚪

★ 以蕨类为食的竹节虫

据文献资料记载，无斑肥螈终年生活在山上的小溪里。它白天常常躲在水流平缓的大石头下面，到了晚上才出来活动。绕过水文站后，蒋珂便抢先跳进溪中，翻开水底的石头，寻找肥螈的身影，我自然也不甘落后。谁知在美国买的防水登山鞋踩在溪流的石头上直打滑，我趔趔趄趄差点儿摔倒。更令人郁闷的是回到岸上后，水流不出来，脚下像穿了两只小水桶。我只能脱下鞋，哗哗往外倒水。第二天我就去县城街边的小卖部，学着当地人，买了双军绿色的胶鞋。胶鞋又便宜又结实，虽然进水快，但漏得也快，软软的鞋底踩在青苔上还不打滑。

我们翻了一阵石头，什么都没找到，猜测这条小溪对肥螈而言过于平缓，海拔也不够高。毕竟那时候，我的所有知识都来自书本，还没亲眼见过肥螈的生活环境。四人一路向前，顺着山民踩出来的两尺宽泥泞小道，继续上山。我

★ 蒋珂在溪流中翻石头

的注意力被森林里又湿又密的亚热带植被深深吸引。阔叶乔木几乎把头顶的天空全遮住了，只留下左一块右一块的天窗。林下是五花八门的藤本植物和蕨类，叶片上还湿哒哒地滴着水。从中午一直走到晚上六点，终于来到龚大爷住的工棚。旁边树丛中有条小溪，他曾在那见到过肥螈。我探头一看，顿时失望透顶。溪水浑浊而湍急，什么也看不清楚。龚大爷解释说，昨天刚下过暴雨，所以山顶有大量雨水冲下来。

我们一直等到晚上九点过，情况并没有好转，只好打道回府。下山的路走得特别快，如同脚下生风。四个人相隔几十米，一路无话，静得能听见自己在山林中的呼吸。走在前面的那个人头上晃动的头灯，映衬着树林上方的繁星，便是所有的光源。浓浓夜色中，不记得走了多久，直到前方豁然开朗，才意识到我们已经到山脚了。从县城出来的时候，我们坐的是三轮车，而现在只有自己走回去。双腿麻木地做着机械运动，脑袋变得昏昏沉沉，早已失去了时间概念。当再次看到星星点点的县城时，我掏出诺基亚手机，发现黑暗中单色屏幕上显示的时间已经过了午夜。回到旅店，我几乎没有力气脱掉沉重的登山鞋。走了将近 10 个小时后，双脚已经与吸饱水的棉袜产生了深厚的感情，脚趾头泡得发白。我一头栽倒在床上，只想就此睡去。

然而当天的工作并没有结束。用热水洗了脚，我感觉恢复了三分元气，又挣扎着起来给采集到的小动物照相。这是野外工作中极为重要的环节，因为我们只能携带少量的活体，剩下的大部分都会被做成标本。经过酒精或福尔马林的浸泡，标本会失去它们本来的颜色，所以必须在动物活着的时候拍照。为了增强对比，我还特意到旅店门口摘了一片芭蕉叶，充当绿色背景。有一只泽蛙，虽然小时候躲过了鸭子的捕食，但现在又不幸落入了我们的口袋。山脚下的田地里到处都有饰纹姬蛙在求偶寻欢，我们也就顺手捉了几只。

第二天睡了个懒觉，起床时已是饥肠辘辘，三人便直奔汽车站对面的螺蛳粉店。今天龚大爷答应带我们去寻找大瑶山的另一种"四

★ 华南常见的泽蛙

★ 抱对中的饰纹姬蛙

脚鱼"。因为蝾螈科的动物离不开水，所以当地人往往把它们划到鱼类，称之为"四脚鱼"。仿佛鱼儿活得久了，就有了灵性，便会生出四条腿。与昨天的亚热带阔叶树林不同，今天的目的地在一片茂密的竹林之中。上山的小道两旁，我发现很多长满青苔的方形木盆，看样子有不少年头了。木盆由从中间剖开的竹竿连接，由山顶一路延伸下来。泉水顺着竹竿缓缓流入木盆，以维持固定的水量。虽然盆里的水相当浑浊，但竹竿上却挂着不少晶莹剔透、像果冻一样的卵袋。仔细观察，会发现里面已经有发育成形的蝌蚪，估计是某种

★ 捕鸟的木盆与竹竿上挂着的蛙类卵块

★ 龚大爷用抄网捞疣螈

树蛙把木盆当成了育儿所。蝌蚪发育成熟后，就会掉进木盆中。它们不用担心捕食者，可以安全度过童年。龚大爷告诉我，这些木盆其实是当地人用来捕鸟的装置。鸟类春秋迁徙的时候，往往会途径大瑶山。迁徙的鸟又累又渴，便纷纷到盆里喝水。这时它们就会被盆边的强力胶粘住。村民将捉到的小鸟开膛破肚，卖到县城里，成为当地人与游客的下酒菜。

　　林间小道很快就到了尽头，我们开始手脚并用，爬上超过 45 度的斜坡。坡上依然是密不透风的竹林，地上铺着厚厚的陈集了不知多少年的竹叶。每个人都爬得很艰难，一步一喘气。快要接近山顶的时候，我们终于来到一个十几平方米的小水坑旁。龚大爷指了指水坑说："就是这里了。"我心里直打鼓，这么浑浊的水坑也有蝾螈生活？本着有枣没枣打三竿的原则，我还是用抄网捞一捞。网子刚出水，我就看到一个黑色小不点，正趴在网底的淤泥与烂竹叶上。蒋珂眼尖，喊了一声："细痣疣螈！"原来这就是龚大爷说的另一种"四脚鱼"。我们捞到的是一条幼体，它全身皮肤光滑，呈棕黑色，只有手指与脚趾尖儿有

★ 即将完成变态的细痣疣螈幼体

一点儿橘黄色，如同涂了指甲油。脑袋后面伸出六条暗红色的羽毛状外鳃，这是它们在水里呼吸的工具，像极了美国动画片《驯龙高手》中的主角"夜煞"。等它开始变态发育后，幼体的外鳃就会逐渐萎缩，变成粗短的手指状，直到最后完全消失。它的呼吸器官也由外鳃转变为肺或者皮肤。

　　既然捞到了幼体，成体可能也在水坑里。我们如同打了鸡血，很快就捞上来十多条成年的细痣疣螈。顾名思义，它们全身布满疣粒，尤其是背部两侧，

★ 长着羽毛状外鳃的幼体

★ 细痣疣螈成体

各有一排大型疣粒。脑袋略成三角形，尾巴又长又高。背面为灰黑色，手指、脚趾和尾部下缘都保留了童年时的橘黄色，部分疣粒的顶端也稍微染了些许黄色。这种鲜艳的色彩是为了恐吓捕食者，表明自己皮肤中含有毒素，让捕食者敬而远之。细痣疣螈平时躲在山坡四周的落叶下或者泥洞中，以蚯蚓和小虫等为食。只有到了春季的繁殖季节，它们才会纷纷爬进水坑交配与产卵。在这片山坡上，类似的水坑并不多，所以四面八方的细痣疣螈都会来此繁殖下一代。

　　细痣疣螈属于国家二级保护动物，数量稀少。然而由于它长相奇特、性格温顺，国内不少论坛、贴吧里常常能见到私下交易的个体，更有爬虫爱好者给它取名为"黑麒麟"。而这些细痣疣螈无一例外都是从野外捉来的，看着都叫人痛心。除了细痣疣螈，其他种类的疣螈也未能逃脱人类的魔爪，要么被捉来当宠物，要么被晒干冒充大壁虎，美其名曰"雪蛤蚧"。令人欣慰的是，在2019年瑞士日内瓦举行的第18届《濒危野生动植物种国际贸易公约》（又称《华盛顿公约》，简称CITES）缔约方大会上，我国所有的疣螈属动物都被列入《濒危野生动植物种国际贸易公约》附录Ⅱ，以限制其在国际市场上的贸易。2021年2月，国家林业局和草原局、农业农村部联合发布公告，正式公布了新调整的《国家重点保护野生动物名录》，其中疣螈属所有已知种类都被列为国家二级保护野生动物。以后再有人非法捕捉、饲养疣螈，必会受到法律的严惩。

沿路返回的途中，我们在下游的小溪里采集到一些髭蟾、棘蛙与角蟾的蝌蚪。髭蟾蝌蚪是蝌蚪界的巨无霸，背上普遍有个V字花纹，个头大的全长差不多能达到10厘米。很多人第一次看到它们时，都会自然而然地认为，蝌蚪长这么大，那成年的髭蟾怎么也得和菜市场的牛蛙差不多大吧。然而事实恰恰相反，巨无霸蝌蚪变态以后，会变成一只小小的髭蟾，体长只有3～4厘米。后

★ 体长接近十厘米的髭蟾蝌蚪

来我在湖南莽山就曾见过刚变态的亚成体。经过数年生长，最大的髭蟾能长到 10 厘米左右，也仅仅是恢复了小时候的体型。这种逆生长的现象说明髭蟾可能有着与众不同的新陈代谢过程，因此

★ 小一号的棘蛙蝌蚪

蝌蚪需要多年的营养累积才能完成发育。在采集的这堆蝌蚪里面，倒真有成年后体型与牛蛙不相上下的种类，那就是棘蛙蝌蚪。它体长约 5 厘米，背上有个小一号的 V 字花纹，颜色比髭蟾蝌蚪深。我曾在浙江凤阳山见到过一只七八两重的雄性棘蛙。体型最小的是角蟾的蝌蚪，只有两三厘米长，然而长相却最为奇怪。它们的嘴唇向外扩展，形成一个菱形或三角形漏斗。漏斗可以紧紧贴在水面上。角蟾蝌蚪只需要张张嘴，漂浮在水面的食物颗粒便因受到表面张力的

★ 嘴唇特化的角蟾蛙蝌蚪在水面进食

作用，自己流进了蝌蚪的嘴里，毫不费功夫。

在金秀跑了两天，我们连肥螈长啥样都没见着，实在不甘心。趁着天还没黑，三人顺着公路又溜出县城，试图再探探周围的溪流。公路一侧是山体，另一侧是蜿蜒的河谷。河谷对岸偶尔奔出一条白练般的小溪，汇入河中。我们准备蹚着溪水，逆流而上。这时天色已经越来越暗，远处若隐若现的山峰传来沉闷的雷声。当我们挽起裤脚准备下水时，才发现竟然只带了两盏头灯。没有头灯就没法上山。最后陈欣自告奋勇，留在河滩上，独自面对黑暗。溪水比我预想的深，没过了小腿。灯影在始终不肯平静的水面上晃得很厉害，让我们看不清水底的情况。忽然，一滴水珠打在我后脑勺上。我扬起脸，望望头顶墨色的天。又是一滴，落在了脸上。我连忙喊住在上游的蒋珂，问他是不是也感觉到了雨点。这时头顶传来滚动的轰隆声，比刚才又近了很多。雨点开始三三两两密集起来，打在水面上。激起的水花让灯光破碎成迷离的光斑。脚下本来冰凉的溪水中，突然涌出一股股暖流。难道是因为山顶的雨水正灌入小溪，使水温升高了？

犹豫之间，水位好像也比刚才高了一些，到了膝盖的位置。我深知山洪的力量，其冲击力绝非人力可挡。我慌忙叫上蒋珂往回撤。两人三步两步蹚着水往下游跑。回到河滩上，我用头灯扫了一圈，找到黑暗中的陈欣，三人狼狈地往公路狂奔。刚站上水泥路面，头顶的天就像漏了一般，暴雨倾盆而下。我们三人只有一把伞，对付这种暴雨仅仅是聊胜于无。每个人都低头无语，默默地淋着雨，沿着公路往回走。就在这时，身后竟然闪过一道车灯，奇迹般地来了辆回县城的中巴车。我们如同见了救命稻草，使劲在路边招手，就怕汽车径直从身边驶过。还好中巴车开始减速，在我们面前缓缓停了下来。三人一个箭步冲上车，落汤鸡般地回到了宾馆。

由于缺乏实战经验，这次出行碰上了雨季。南方的雨季会持续好几个月，我们不能继续这么耗着，于是决定离开金秀，把时间节约出来，留给下一个地点。我们没有返回柳州，而是直接北上，经桐木镇和荔浦县，前往桂林。当中巴车驶出县城的时候，我回头望望这乌云下郁郁的群山，心情也很压抑。来的时候意气风发，结果出师不利。虽然采集到了细痣疣螈，但毕竟无斑肥螈才是此行的目的。不过这次积累了一些经验，了解了肥螈的生活环境，是从零到一的飞跃。大瑶山，我会回来的。

前文提到过，将肥螈作为我的博士课题，带有一点儿戏剧性。入学前的那个暑假，未来的导师让我提前熟悉有尾目的生物学知识，自己想想有什么感兴趣的课题。所以空闲的时候，我就翻翻那年刚出版的《中国动物志 两栖纲（上卷）总论 蚓螈目 有尾目》（后文简称《中国动物志》）。书中第一次详细记

★ 告别乌云下的大瑶山

录了当时中国所有已知的各种有尾目动物。随手翻着翻着，我的目光停留在了肥螈属的介绍上。无斑肥螈的地理分布非常奇怪，一块是在广西湖南贵州，一块却集中在浙江，两个地方隔着十万八千里。肥螈活动能力又非常有限，它是如何跨越中间地带的？更有趣的现象是这个中间地带被另一个物种——黑斑肥螈占据着。这种三明治式的分布成了我脑子里挥之不去的谜团。

在哈佛大学开学后不久，我找导师讨论科研选题。我把《中国动物志》夹在胳膊下面，惴惴不安地走进了他的办公室。我打开夹着书签的那一页，指着肥螈属分布图，小心翼翼地说："老师，我觉得这个类群有点儿意思。"导师微微一笑，从旋转座椅上侧过半个身子，让我看他身后的电脑屏幕。那是一幅似曾相识的分布图，来源于世界自然保护联盟（IUCN）的物种信息数据库。虽然与我手中的图有些小出入，但我还是一眼认出了这就是肥螈的分布图。我嘿嘿傻笑，他也笑。两人站起身，隔着书桌握手。不用再多解释，心有灵犀一点通。我就此合上书，转身走出办公室，满怀理想地走进崇山峻岭之中。

猫儿现身

让我满怀期待的大瑶山之旅却并没有现出肥螈的真身，我只能把希望寄托在第二站——桂林北部的猫儿山。猫儿山最高海拔 2142 米，是位于湖南、广西交界处的越城岭的主峰，也被称为"华南第一峰"。它也是红军长征途中翻越的第一座高山。中学语文课本中的课文《老山界》，讲的就是发生在这里的事情。从越城岭往东数，还有另外四条山岭，分别为都庞岭、萌渚岭、骑田岭和大庾岭。这五条山岭共同组成了中国南方最大的横向山脉——南岭。南岭将长江流域与珠江流域一分为二，是我国南方众多动植物分化的分水岭，其地理位置的重要性不言而喻。

2007 年的时候，猫儿山刚刚成为国家级自然保护区不久，还算不上特别有名，因此只有一座孤零零的牌坊立在山脚。安顿下来后，我们与隔壁饭馆老板

★ 猫儿山山门

★ 暮色中的猫儿山

蒋大姐闲聊。我把肥螈的照片拿出来，问她有没有见过这种生活在溪流里的小动物。蒋大姐表示自己没见过，但她有个亲戚，经常夜里到山上捉"山麻拐"，很有可能见过。蒋珂悄悄告诉我，这"山麻拐"就是棘蛙。因为体型肥大，南方很多山村都有捕捉棘蛙的习俗。听到这个消息，我立马来了精神。棘蛙与肥螈习性近似，都生活在海拔较高的小溪里。往往有棘蛙的地方，也能见到肥螈。于是我连忙让蒋大姐与她亲戚蒋师傅约定，明天早上来饭馆碰头。蒋大姐给我们的另一个好消息是当地最近几天都没有下雨，因此小溪水位不会太高。有了这两颗定心丸，我在金秀被消磨大半的激情又高涨起来。走出饭馆，夕阳西坠。暮色中的大山显得越发神秘，仿佛不愿意轻易把肥螈拱手交出。

第二天与蒋师傅碰面，谈起肥蝘，他说这东西山溪里多得很，当地人管它叫"山木鱼"，也有可能是"杉木鱼"，时间太久，无从考证了。我们喜出望外，急忙请他前头带路。路旁的竹林中隐藏着许多一米来宽的黄土小道，是由人与牲畜用脚踩出来的。如果没有当地人指点，我们根本不会留意到这些小道。穿过密密层层的竹林，我们进入一片同样茂盛的亚热带阔叶林。小道下方的山沟中隐约出现一条白练般的小溪。蒋师傅径直下坡，我们也小心翼翼地攀附着树枝与藤蔓，跟他来到溪边。溪沟宽不足半米，水深仅10厘米左右，与之前在大瑶山看到的平缓溪流完全不同。溪边长满了湿滑的地衣、苔藓与蕨类植物，一截烂掉的枯木横倒在溪流之上。小溪的水位虽低，流速却很快。不知什么时候，雨又滴滴答答地下了起来。水珠打在头顶的树叶上，或跌落成细小的水花，或凝聚成更大的水滴，从天而降，落到头上，倏忽钻进脖子里。

★ 雨季，溪沟里水流湍急

我们在溪边观望着，看蒋师傅在几米开外的下游，弓着腰，摸水里的石头。我正在焦急之时，他忽然站起身，握紧的指缝中似乎有个黑色的东西正在拼命扭动。我的心瞬间提了起来，急于想看清楚到底是什么，便让蒋师傅把它抛过来。蒋师傅手一扬，我急中生智，慌忙倒转雨伞，只听啪的一声，一个身影落入伞中。前一秒它还在蒋师傅手中挣扎，现在则趴在雨伞的尼龙布上，一动不动了。我惊喜万分，禁不住对蒋师傅大喊："是它，是它，就是它！"这个全身棕褐色、肚子上有暗橘黄色花斑的家伙，正是让我在金秀求而不得的肥螈！

在有尾目动物中，肥螈长得并不出众。它整体外形与壁虎有几分近似，所以有的山区又叫它"水壁虎"。由于终年生活在小溪里，几乎不会上岸，肥螈的皮肤变得滑溜溜的，与之前见到的细痣疣螈大相径庭。肥螈皮肤中的角质层很不发达，加上会分泌带有硫黄气味的黏液，如同于泥鳅或鲶鱼，难怪又有的地方管它叫"山木鱼"或者"山泥鳅"。肥螈最大的特点还是它肥硕的体型。在系统分类学中，每种动物都有一个拉丁语的名字。肥螈的拉丁名是 *Pachytriton*，这里面的词根 *pachy-* 源自希腊语中的"肥胖"，后面的词根 *-triton*

★ 胖头胖脑的无斑肥螈

则是希腊神话中海王波塞冬与海后安菲特里忒的儿子。他作为大海的信使，上半身为人，下半身为鱼。所以肥螈的名字既准确地描述了其特点，又带着几分神话色彩。肥螈不仅躯干圆润，四肢还特别短小，手指与脚趾都是胖乎乎的。被捉上岸后，它们大多时候都老老实实地趴着。偶尔有几个不安分的，也只能蠕动着前进。不过大自然总归公平，给了肥螈一条强壮的尾巴，其中肥厚的肌肉能够在水中提供强大的推进力。别看肥螈在陆地上笨拙不堪，一旦回到水里，嗖地就窜不见了。

既然已经知道肥螈就躲在溪流的石头下面，我们纷纷挽起袖子，跳进溪沟摸肥螈。溪水流速极快，完全看不清水底的情况，所以全凭十个手指的触觉。水中的石头又凉又硬，但冷不丁就会碰到一截又软又滑的躯体。往往还没等我反应过来，它便哧溜钻到旁边的石缝中，比泥鳅黄鳝跑得还快。我慢慢有了经验，只要触摸到柔软的东西，便猛地掐住它，不能有半点儿迟疑、犹豫。摸了一阵，开始形成条件反射，我以为触到了一条肥螈，使劲掐住后，才发现是右手逮住了左手大拇指。幸好其他人都猫着腰，没有注意到我的尴尬。

我们四个人很快捉了十多条肥螈，有大有小，无一例外都是圆滚滚的。难以想象，这种浅浅的溪沟里，怎么会有那么多肥螈？所有的两栖动物都是肉食性的，因此必须要有足够多的食物才能保证它们的生存。我正琢磨着，肥螈自己给了我答案。有几条肥螈受了惊吓，把胃里的食物吐了出来，居然有青虫、蟑螂和整条的蚯蚓。肥螈四肢短小，无法在陆地上快速移动，想要追逐青虫与蟑螂，几乎不可能。想来想去，更合理的解释是这些虫子自己不小心落入水中，成了肥螈的美餐。由于高度适应水中生活，肥螈采取与鱼类相同的进食方式。它们会在水中猛地张开大口，使口腔内瞬间形成真空，产生负压，便把猎物嗖地吸到嘴里。

第二天清晨，蒋珂和陈欣挑出两条肥螈，蹲在地上做起了细胞核型分析的处理。照理说，生物实验应该在非常干净的工作台上进行，然而人在野外，身不由己，处处皆可作工作台。其实我后来还遇到过更差的情况，比如在等候长途客车的间隙，撅着屁股趴在地上处理标本。做实验的两条肥螈事先已经被麻醉处死，所以它们不会感到痛苦。所谓的麻药其实就是超市里常卖的治口腔溃疡或者牙龈肿痛的止疼膏，里面的有效成分苯佐卡因可以麻痹神经。同样的剂量，对人而言只是缓解疼痛，但如果抹在两栖动物柔软的皮肤上，由于其皮肤的通透性，麻药会渗入血液，最终全身麻醉，导致心脏停止跳动。相比当时盛行的酒精或物理处死法，麻醉安乐死更具有人道主义精神。

中午的时候蒋师傅带我们前往一个更远的山头。到了山坡上一看，这条小溪比昨天的还寒碜，仅仅是从石缝中涌出的一股涓涓细流，浅得都没不过脚背。然而就在这样不可思议的环境里，我们竟然在石块下翻出不少圆滚滚的肥螈。

★ 这么浅的水沟里也有肥螈　　　　　　★ 上坡难，下坡更难

返程时，蒋师傅领着我们下陡坡，抄近路。他趿拉着拖鞋，下山速度却比我们快很多，超过 60 度的陡坡也能疾步如飞。而我们三人却需要蹲下身，像坐滑梯似的用屁股一点一点往下蹭，以至于他不得不停下来等我们。我落在队伍的最后，不小心踢松了一块排球大小的石头。石头咚咚地开始往下滚，在重力的作用下，速度越来越快，竟成了一块飞石。蒋珂和陈欣因为用手撑着身体，难以避让，只能眼睁睁看着石头向他们飞去。所幸最后石头没砸到身上，只是从蒋珂的手背上滚了过去。小小的意外并没有影响大家的心情，毕竟完成了采集任务，我们一身轻松。

蒋师傅与我闲聊，说附近还有另外一种"山木鱼"，个头比今天捉的大得多。我顿时瞪大了眼睛问他，大得多是有多大？蒋师傅伸出两根竹节般的指头，表示比这个粗，比筷子长，重量超过三两。相比之下，我们之前捉到的肥螈最大的也不到 20 厘米。蒋师傅说得有鼻子有眼，什么走在山间小道上都能看见溪沟里的巨型"山木鱼"在水底爬行，听得我心里像煮了一锅粥似的，咕噜咕噜直冒泡。我担心他吹牛，该不会是大鲵吧？蒋师傅连忙摇头。当时肥螈属只有无斑肥螈与黑斑肥螈两个物种，难道在这偏远的猫儿山，当真还存在一个未知的巨型肥螈物种？

中午吃饭时，神秘巨型肥螈的事情一直在我脑子里打转，令我心神不定。我忍不住对蒋师傅说："要不咱们下午去找找你说的那种'山木鱼'？"蒋师傅表示，巨型肥螈常常躲在巨石下面，需要用电鱼机才能把它们赶出来。我对电鱼机并不陌生，之前在金秀县城外的溪流里就见人用过。它的主体是一块背包大小的蓄电池。电鱼人手持两根竹竿，上面绑着连接正负极的导线。当竹竿前端的导线浸入水中时，电流形成回路，附近的水域便全部带电。水生生物触电后，纷纷丧失移动能力，要么沉入水底，要么浮出水面。不过我们只需要捞肥螈，其余的鱼虾蟹被电晕后，过一会儿都能苏醒过来。

虽然蒋师傅说得活灵活现，但是他自己并没有电鱼机。好在饭馆蒋大姐颇有人缘，很快帮我们联系到一户村民。到了那人家里，只见大门敞开，屋内空无一人。墙角并排放了两组电鱼机，蒋师傅随手拎起一个便走。谁知后来倒霉就倒霉在这上面。由于心情激动，我主动提出帮他背蓄电池。蓄电池装在一个塑料汽油桶里，看起来体积不大，但由于是实心货，很重。尼龙背带又硬又细，爬山时我只有不断变换姿势，才能缓解肩膀的疼痛。一路上我忍不住频频往山谷的小溪中望去，期待能看到黑色的身影在溪底缓缓移动。然而任凭我望穿溪水，都快产生幻觉了，却什么也没有。

★ 蒋师傅对着电鱼机面露难色

我们走了两个小时，终于来到一处深水潭边。蒋师傅开始组装电鱼机。只见他窸窸窣窣搞了半天，脸上表情却越来越不自然，看得我都莫名紧张起来。他轻声自言自语："不对呢""好像不是这样的""怎么搞的"……我连忙问他是不是遇到什么问题。蒋师傅支支吾吾说了实话——平时他用的都是别人组装好的电鱼机，今天线路拆散了，刚才拿的时候也没留意，现在装不回去了！蒋师傅的额头开始沁出汗珠，却还在执拗地尝试。我赶紧让他别再自己瞎鼓捣了，马上打电话求助。通过电话那头的指导，蒋师傅好不容易把几根电线扭在了一起。我们满怀期待地把竹竿伸到水里，干瞪了几分钟，水下却平静如初。这时的气氛由紧张逐渐转向尴尬。蒋师傅又检查了一遍，看起来没毛病。再试，依旧没有反应。他干脆把竹竿前端的正负极搭在一起，照理说应该火花四射，此刻却安静无比。我们屏住呼吸，只听得见哗哗的流水声。蒋师傅挠了挠头，再次拨通电话。他的脸色越来越难看。原来墙角的两组电鱼机中，一个有电，一个没电，他顺手拿的刚好是没电的那个。栽在百分之五十的概率上，我感觉自己就像被人一脚踹进了身后的水潭，从里到外透心凉。之前说得天花乱坠，一群人跟着东奔西走，结果三叩九拜，就差这最后一哆嗦。我恨不得直接把手伸到石缝里去摸，却也知道徒手捉到的可能性为零，只好仰天长叹。

★ 雄性棘胸蛙胸口长满了黑刺

回到住处后，我逐一清点这几天采集的标本。由于中国科学院昆明动物研究所的车静教授在研究棘蛙，我便向蒋师傅买了几只"山麻拐"送她。蒋师傅捉到的是棘胸蛙，其雄性在春夏繁殖期时，腹部和大拇指处都会长出黑色

★ 躲在石缝中的棘胸蛙

★ 华南湍蛙

★ 中华蟾蜍

的角质硬刺。黑刺的作用倒不是打斗，而是为了交配时雄蛙能把雌蛙抱得更紧，免得被其他"单身汉"抢了去。标本中还有华南湍蛙和中华蟾蜍。与棘蛙、肥螈一样，湍蛙也生活在山溪中，白天的时候大多趴在溪边的石头上。一有风吹草动，就咚的一声蹦入水中，再也不见踪迹。为了能牢牢抓住石头，湍蛙的指端进化出了发达的吸盘，可以像树蛙一样贴在垂直的物体表面。当我正准备给它拍照的时候，这家伙一伸腿就弹射到了对面的墙壁上。最后捉到的这只中华蟾蜍异常威武，放在地上拍照远不能彰显它的霸气，于是我让它坐在了保温瓶盖上。

第二天，我们离开了猫儿山，返回桂林，广西之行也就此结束。第一次野外工作持续了两周，对从未走出过校园的我而言，这是全新的挑战。工作中遇到的陌生的人和事物，统统都无法从课堂与书本上学习到。队伍行动全凭自己判断，结果无论好坏，都得一人承担。虽然我在大瑶山无功而返，在猫儿山却收获颇丰，算是给后来的野外工作开了个好头。

夜访天目

回家休整了两周，我便开始着手策划第二次出行。在 2007 年的时候，所有的中英文文献，都给无斑肥螈标注了两个相隔甚远的分布区域——一个在广西大山深处，另一个却远在沿海的浙江省附近。既然已经踏访了绵延百里的大瑶山，那这次自然要去西湖美景三月天、春雨如酒柳如烟的江南了。出发前，我邀约到好兄弟蒋珂与同学小马同行。

飞机降落杭州后，我们马不停蹄地继续赶路，奔向长途汽车站。由于搞混了汽车北站与西站，在盛夏的杭州，我们背着大包行李在城市间奔波。慢悠悠的公交车上，窗外的太阳已经偏西。我们瘫在座椅上，口干舌燥，满身都是汗渍尘土。还算我们运气好，竟然赶上了西站的末班车。直达西天目山的班车早没了，我们只能坐上杭州至於潜的班车，给司机打好招呼，在中途的收费站下车。黄昏中，我们的身心终于从高度紧张中松懈下来，剩下的事情就交给司机了。

我正迷迷糊糊打盹，司机猛踩了一脚刹车，把车停在岔路口。他扭头冲我们喊："去西天目山的，下车了！"岔路口有几辆小面包车，专门拉游客进山。据说每到酷夏，杭州城里的老人就扎堆儿来这里避暑。晚饭时，我不经意间掏出肥螈的照片，问旅店老板："山里的小溪里能见到这种小东西吗？"老板乐了，说这种动物多得很，夜里在山路旁的排水沟里都能见到。我按捺不住惊喜，瞬间来了精神，追问排水沟离这有多远。老板表示开车半个小时，并愿意带我们去瞧瞧。相比上个月的苦苦寻找，难道这趟浙江行遇上了开门红？

夜色中，老板驾驶着面包车在盘山公路上飞驰，仿佛自己就是秋名山上的周杰伦。虽然我比老板更急于赶到目的地，但这种放荡不羁的飘逸，着实让坐在副驾上的我心惊肉跳。我悄悄拽紧了车门把手，双脚死死蹬着地板，随时准备跳车。汽车终于在一座小桥边停下，旁边有一条弯弯的小溪。通过 GPS 卫星定位，此处海拔已经接近 1000 米，理论上属于肥螈的分布范围。我们一行人顺着桥头的缓坡走到桥下，发现溪水刚刚没过脚背。大家或顶着头灯，或拿着手电筒，四下分散开来搜寻肥螈。

我弓着腰，蹚着溪水，目不转睛地盯着水底，唯恐遗漏掉任何蛛丝马迹。没走几步，在靠近岸边的地方，粼粼的水面下闪过一个棕色的轮廓。我定睛一看，这不就是肥螈吗？居然这么容易就找到了，我差点儿不敢相信自己的眼睛。相比在大瑶山求而不得的种种辛酸，浙江的幸福来得太过于突然。虽然下午跑

★ 灯光下，第一条肥螈现身

错了车站，耽搁不少时间，却意外地遇到了这位熟悉肥螈的旅店老板，真是阴差阳错。

　　肥螈全身都被灯光笼罩着，一动不动。我压抑住激动的心情，调整好呼吸，轻轻地把抄网浸入水中，小心翼翼地堵住了肥螈逃跑的路线。抄网在距离它脑袋前方 10 厘米的地方停了下来，肥螈依然没有察觉。我又稳了稳神，才慢慢用鞋子碰了碰它的尾巴。肥螈如梦初醒，猛地往前一蹿，结果自投罗网。这是我捉到的第一条浙江肥螈！它个头不小，体长超过 15 厘米，不过与上个月猫儿山的肥螈相比，却纤细很多。这条肥螈全身浅棕色，尾部有一连串的小白斑，

★ 浙江的肥螈体型相对纤细

说明它是一条处于发情期的雄性。雌性肥螈尾部没有色斑。据文献描述,雄螈求偶时,会在雌螈前方扇动尾巴,白色斑点能从视觉上吸引对方的注意。同时雄螈会分泌性激素,通过尾部扇动的水流传递给雌螈。随后雄螈向前爬动,雌螈就像被催眠一样,老老实实跟在后面。雄螈把精囊排出体外,黏在水底的石头上。紧随其后的雌螈用泄殖腔外壁裹住精囊,再纳入体内,最终实现体内受精。

★ 小马与蒋珂收获满满

我还注意到,这条肥螈的左前肢没有了,估计是在和同类打架时被咬掉的。肥螈的领地意识非常强,争夺地盘时不会留情。在我旗开得胜之后,其他人也陆续捉到不少肥螈。

回到车上,一行人都兴高采烈。纵然老板又开始享受飞驰的人生,我也没有之前那么紧张了。但就在我毫无思想准备的时候,面包车突然在漆黑的山道上紧急刹车!老板手里的方向盘猛地一转,整个车斜着向前飘移了一段,方才停下。我惊魂未定,就见他打开车门,往车后方跑去。我整个人都懵了。这大半夜的,在盘山公路上急刹车加猛打方向盘,如果滑出路面,全车人都得"报废"。老板很快折返回来,手里多了条一米多长的赤链蛇。原来刚才这条蛇正在横穿公路,被面包车直接碾了过去。白捡的野味,老板自然要去寻回来。

赤链蛇又被称为"火赤链",背面黑色,有几十个红色横条纹,对人类无毒,

★ 最常见的蛇类之一——赤链蛇

属于最常见的蛇类之一，经常生活在丘陵、山地、平原、田野、村舍及水域附近，傍晚尤其活跃，主要以各种两栖爬行动物和鼠类为食。其实不止赤链蛇，夜间的山路上常常有各种小动物横死于车轮之下，尤其以两栖爬行动物居多。它们有的是为了穿越公路，有的是因为夜里路面暖和而前来取暖，还有的是专门捕食被碾伤、碾死的小动物，结果自己也成了车下鬼。一年之后，我在湖南莽山国家森林公园遇到了研究生小莫，他的课题就是专门统计山路上有多少动物被碾死，从而讨论修建公路对当地生态环境的影响。

回到旅店后，为了体验江浙山区的盛夏夜，我们又徒步出来转悠一圈。路边有根孤零零的电线杆，吊着盏昏黄的路灯。灯泡没什么亮度，反而衬得山里的夜格外漆黑。光晕内外，能看到不少飞虫，往往还没来得及看清楚，它们就又躲进黑暗中。不经意间，一个巨大的黑影从我头顶飞过。从它振翅的嗡嗡声与缓慢的飞行速度判断，来者个头不小。它绕着电灯飞了几圈，咚的一声撞在灯泡上，栽落下来。我一个箭步冲上前，只见它六条腿朝天，正在地上挣扎。这居然是一只雄性的双叉犀金龟，俗名叫独角仙。它的头顶长着巨大的犄角，前段分叉，类似于小时候玩的弹弓。这只雄虫比手掌短不了多少，几次试图从我手中挣脱。庞大躯壳内蕴藏的蛮力远非普通小虫子能比，只有把它捏到手里时，才切身感受到。

　　离开天目山后，我们顺道前往临安市郊的一座小山——西径山。整个景区似乎只有我们三个游客。我们在山顶搜寻到傍晚，只找到一条干涸的小水沟。沟里啥也没有，只能下山。收拾散落在地上的背包时，我惊骇地发现，就在距离背包不足半米的地方，正盘着一条福建竹叶青！这种蛇通体绿色，体侧有白

★ 持戟披甲的双叉犀金龟

★ 躲在我背后的福建竹叶青

色或红白各半的纵条纹，眼睛为橘红色，目露凶光。刚才我背靠着登山包休息，它就一直守在我背后。如果竹叶青受到惊吓，发起攻击，我将毫无察觉，加上夏天衣服单薄，铁定会被咬到。在对刚才的场景进行还原以后，我越想越觉得后背发凉。竹叶青属于蝰蛇的一种，其蛇毒为出血性毒素，能破坏血液中的红细胞以及阻止血液凝固，导致伤口剧烈疼痛、溃烂，严重时会出现体内出血。虽然福建竹叶青的毒性不至于致死，但光两条腿走下山就得耗费不少时间。再找车到临安医院，不知道还会耽搁多久。蛇毒侵入身体的时间越长，受的罪就越厉害。后怕之余，我千恩万谢这条竹叶青"口"下留情，免去了我的皮肉之苦。

　　第二天，天色刚蒙蒙亮，蒋珂就出门去转悠。他受中国科学院成都生物研究所的朋友之托，帮忙采集蝰科的短尾蝮，当真在草堆里发现了一条。短尾蝮广泛分布于长江中下游地区，夏秋季时分散活动于稻田、耕地、村舍甚至城市中。然而普通人并不容易见到它，因为蝰蛇不像赤链蛇那样，四处游走觅食。

★ 短尾蝮伺机而动

它通常会静静地守在一个地方，等待猎物路过。蝮蛇的体色使它巧妙地隐蔽在草丛中，很难被发现。短尾蝮属于小型毒蛇，只有一尺来长，名字来源于其粗短的尾巴。许多人会误以为蛇的尾巴很长，其实我们看到的大部分都是它们的躯干，只有肛门以后的部分才算尾巴。短尾蝮个头虽小，但盘踞成一团、随时准备攻击的模样却丝毫不逊于大型毒蛇。与之前碰到的福建竹叶青相同，它的武器也是出血性毒素，被咬到会又痛又肿。不过这条短尾蝮到了蒋珂手里，只得乖乖地任其摆布。

今天没有安排上山的任务，专门整理之前采集到的标本。首先出镜的是阔褶蛙。顾名思义，它后背两侧各有一条又宽又厚的背侧褶。阔褶蛙个头不大，皮肤粗糙，乍一看有点儿像小蟾蜍。不过它的头比蟾蜍尖，四肢更纤细，所以不容易认错。第二个登场的是在天目山捉到的花臭蛙（最近已改为新种天目臭蛙）。文献资料里说它的皮肤里有臭腺，受到刺激时会分泌气味难闻的黏液。

花臭蛙常常蹲在溪边的岩石上，因为指尖有吸盘，所以不怕被激流冲走。它若察觉到危险靠近，就一头扎进溪里逃生。这种生活习性与之前在猫儿山遇到的华南湍蛙很相似。我最喜欢的是斑腿泛树蛙。它并不像其他蛙类，被捉住后一副惊慌失措的样子，稍有风吹草动就乱蹦乱撞。即使在我的手上，它也依然处变不惊。与生活在地表

★ 抱对中的阔褶蛙

★ 花臭蛙

★ 斑腿泛树蛙

的蛙类不同，树蛙都有着修长的四肢，如同芭蕾舞演员一样优雅，以便他们在树枝之间攀爬。不过相比之下，它的弹跳能力就远远比不上阔褶蛙与花臭蛙了。由于过于专注照相，我们三人的小腿与脚背都被蚊子咬了数不清的红包，反应过来后，已是奇痒无比。

下午回到杭州，碰巧遇上两队同样来浙江采集标本的学生。大家约好饭局后，我们三人在旅店的小床上或坐或躺，打发时间。不料上午被蚊子咬的红包开始发作。最开始仅仅是难以察觉的瘙痒，若有若无。不经意地轻轻挠了两下，这下可不得了，仿佛把痒从皮肤深

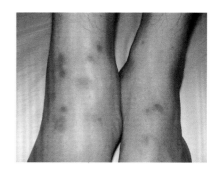

★ 满脚的蚊子包

处引诱了出来，开始在表皮肆意蔓延。这时挠的力度加大，似乎已经不如刚才那么有效，逐渐变成了两只手来回搓。依然不管用，只能用指甲使劲刮，恨不

得挖进肉里。从最开始的细微感觉变成火山爆发，只有短短十几秒钟，似乎只有挠出血才能解恨。再加上路上风尘仆仆的奔波，一身汗渍，结果指甲缝里都是扣出来的泥垢。更有意思的是瘙痒仿佛具有传染性。只要一个人开始挠，另外两人的脚也不由自主地跟着痒起来。虽然备得有止痒膏，然而毫无作用，因为都被挠到指甲缝里去了。小马和蒋珂在卖力挠的同时，还你一句我一句，编了个顺口溜。大致意思是本来不痒，一挠就痒，越痒越挠，越挠越痒，你痒我也痒，大家一起痒。

　　饭局上，我们结识了一位后来的网红——"开水族馆的生物男"，网上都称他为"开水兄"。他与我同级，也刚刚踏出大学校园。开水兄作为杭州人，自然尽地主之谊，邀请大家第二天去游西湖。尽管是盛夏酷暑，苏堤上依然游人如织。他带着我们游览了久负盛名的三潭印月、花港观鱼和曲院风荷，还在湖心亭吃到了这辈子最好吃的莲藕粉。雷峰塔上，西湖全景纵收眼底。虽然天色尚早，但凉

★ 泛舟西湖

★ 花鸟市场的肥螈

风习习，令我不免神往"湖上画船归欲尽，孤峰犹带夕阳红"的场景。

　　游完西湖，我们又乘兴去逛杭州的花鸟市场。有商家在店铺门口摆个澡盆，里面竟然装满了肥螈！ 毫无疑问，它们都是被人从野外捉来的，因为全世界鲜有人工繁殖肥螈的例子。经过二道贩子收购，被捉的肥螈汇集到杭州，随后再被发往全国各地的花鸟市场，成为另类宠物。我在广东南昆山就碰到过有人向游客兜售浙江的肥螈，冒充南昆山特产。然而绝大多数人并不知道如何饲养肥螈，买回家几天就死了。等待它们的最终命运，无非是被冲进下水道或者扔到垃圾桶。更让我难过的是由于这些肥螈缺乏采集地点，所以基本没有科研价值。虽然我一路追寻肥螈，也知道眼前这些小家伙曾经就生活在大山的溪流中，却没法将它们纳入课题，只能忍痛离开。

　　第二天一大早，大家各自道别，我们踏上了开往福建武夷山的火车。

📑 百年武夷

　　武夷山，整个华东南地区的最高峰，主峰海拔 2157.8 米，号称"华东大陆屋脊"。根据文献记载，这里的肥螈不同于天目山与猫儿山的，应该属于肥螈属中的第二个物种——黑斑肥螈。相比无斑肥螈，黑斑肥螈极少出现在宠物市场。因此，我对这趟武夷山之行充满了期待。当火车把饥肠辘辘的我们摇到武夷山市的时候，已经过了饭点。七月的午后，晃眼的太阳炙烤着光秃秃的五九路。路上基本看不到行人，只有几辆拉客的摩托车师傅，懒散地聚集在车站外的台阶下面。偶尔有车辆驶过，扬起一阵尘土。

　　武夷山市只是一个县级市，在 1989 年之前都叫崇安县。对研究两栖爬行动物的学者而言，崇安这个名字可比武夷山市要响亮得多，因为很多物种都以此地命名，比如崇安髭蟾、崇安湍蛙、崇安草蜥、崇安斜鳞蛇等。如此集中的命名，一方面得益于武夷山脉得天独厚的动物资源，另一方面也与一个叫 Clifford H. Pope 的美国人有关。Pope 生于 1899 年，二十几岁的时候曾 8 次来中国进行野外科学考察，后来终成世界著名的两栖爬行动物学界泰斗。他的著作具有里程碑式的意义，影响着后来一辈又一辈的中国科学家。就连我在制订野外工作路线的时候，都参考了 Pope 发表于 1931 年的福建两栖动物记录。在 Pope 的论文中，保存了大量的黑白照片。其中有一位打着赤脚、背着背篓的武夷山民，似乎刚刚捕蛙归来，左手正逮着一只肥硕的棘胸蛙。近一个世纪后，古老的崇安已经面目全非。捕蛙者早已湮灭在历史的长河中，他的子孙，或许便有站台下吹牛打盹的摩托车师傅。

★ 19世纪初期的武夷山山民（Pope 1931, Notes on amphibians from Fukien, Hainan, and other parts of China）

　　匆忙吃过午饭，我们挤上了前往武夷山景区的中巴车。车上已经坐满了回山里的当地人，他们有说有笑，似乎都很熟悉。而我们背着大大小小的旅行包，挤到最后一排，显得格格不入。汽车终于开到山门口的车站，当地人一哄而散，只留下我们三人，不知所措。周围没有游客，也没有指示牌与路标。迎面走来一队身强体壮的野生猕猴，把我们吓了一跳，只好匆匆离开车站。经过一座小桥时，蒋珂看到桥下流水潺潺，溪边乱石林立，忍不住溜到桥头下，看有没有两栖爬行动物。他眼力极好，发现石头上趴着一只武夷湍蛙。

★ 武夷湍蛙与岩石混为一体

与前文提到的崇安湍蛙一样，武夷湍蛙的模式产地也在崇安。不过由于前者已经占用了地名"崇安"，后者只好以武夷山命名。湍蛙背面的保护色极具迷惑性，哪怕近在咫尺，普通人也不会留意到。

★ 湍蛙没能逃过蒋珂的眼睛

溜达了半天，我们碰到一位老大爷，他说上山砍竹子的时候，曾在小溪里见过肥螈，当地人管它们叫"山泥鳅"。听着有戏，我们便在老大爷家住了下来。第二天老大爷领着我们上山，来到水潭边，目光一扫，果真在浅水滩处发现了一条小肥螈。它的身形与之前见到的无斑肥螈类似，粗尾巴，小短腿，颜色却大不相同——浑身浅黄褐色，布满了醒目的芝麻大小的黑斑，正是黑斑肥螈！它静静地趴在撒满碎石子的水底，随着清澈得没有一丝杂质的溪水轻轻摇晃。我深吸了几口气，努力抑制住内心的激动。如果小家伙受到惊吓，扭头就能游进水潭深处。我让大家不要出声，蹑手蹑脚退到离岸边几米的地方，打开折叠抄网，慢慢把网浸入水中，用极其缓慢的速度，堵住了它逃跑的路线。我再轻轻一拨，便把小肥螈赶到了网里。抄网出了水，心里的石头才算落地——这是我捉到的第一条黑斑肥螈。

大家纷纷受到鼓舞，分散开来继续搜寻黑斑肥螈。似乎轻易不会再给我们惊喜，辛辛苦苦找了很久，肥螈却再无踪迹。我们只能用最笨拙的办法，把水中的石头挨个翻一遍，希望能碰到藏匿在石缝中的肥螈。精诚所至，还当真让我们翻出一条成年的黑斑肥螈。

★ 武夷山的黑斑肥螈

★ 继续搜寻肥螈

收获一大一小，我已经心满意足，感叹武夷山没有白来。老大爷反而有些不好意思，说没想到"山泥鳅"这么难找。不过没关系，他有个熟人在海拔更高的村子里，晚些时候我们可以上那儿碰碰运气。

老大爷说的海拔更高的地方，在 Pope 的文章里也有记载，名叫挂墩。挂墩地处峰岭之间，山势险恶，行政区划上仍然隶属于崇安。然而令人意想不到的是，如此闭塞的云中村寨，在百余年前却吸引了外国学者与传教士只身前往，意外发现许多新的动植物。比如有名的挂墩鸦雀，就是 1897 年时由一位叫 Slater 的传教士在挂墩发现并命名的。挂墩鸦雀的拉丁名为 *Neosuthora davidiana*。其中 *davidiana* 又引出了另一个叫 Armand David 的传教士。此人来自法国，谙熟中国文化，还给自己取了个中文名字叫谭卫道。谭卫道的本业是传播天主教，他却醉心于博物学，在动物、植物、地质研究上颇有成就。1869 年，他从四川宝兴的猎人手中获得一张熊皮，毛色黑白相间。他听说这种熊不吃肉，专爱吃竹子，为欧洲人闻所未闻，于是将其发表为一个全新物种，取名"黑白熊"，也就是我们的国宝熊猫。其他西方学者为了纪念他，将很多中国的明星物种都以他的姓氏命名，比如"娃娃鱼"大鲵（*Andrias davidianus*）、"四不像"麋鹿（*Elaphurus davidianus*）、"鸽子树"珙桐（*Davidia involucrata*）等。

　　去挂墩之前，老大爷先带我们去了他另一个朋友家串门。那人捉了两条脆蛇蜥，准备待价而沽，顺便也让我们开开眼。脆蛇蜥乍一听，很陌生。其实很多人都在中药铺里见过，炮制后盘成一团，和蚊香差不多，名曰"脆蛇"，据称可以散瘀、祛风、消肿、解毒。我是头一回见着活物，发现它还长得挺漂亮，背上泛着幽幽的蓝光。当地人管脆蛇蜥叫"山黄鳝"，颇为形象，正好与肥螈的土名"山泥鳅"对应。这种动物虽然长得像蛇，却是地地道道的蜥蜴，只不过四肢完全退化罢了。仔细观察后会发现，它的头部依然保留了蜥蜴的特征，比如拥有眼睑与外耳道，很容易与蛇的脑袋区分开来。像这种四肢部分或完全

★ 脆蛇蜥的四肢已经完全退化

退化的例子在国外也有，比如生活在澳洲的鳞脚蜥，与壁虎亲缘关系很近，专门捕食有腿的蜥蜴。

下午，从挂墩来了两个摩托车师傅，载着我们三人，顺着盘山小路蜿蜒而上。村里人听说来了游客，都聚到主人家的堂屋里看稀奇。堂屋正中的墙上有一幅泛黄的画像，边角卷了起来，显然已经挂了很多年。这幅画给我留下了极其深刻的印象，因为它并非常见的松鹤延年、八骏图之类的吉祥画，而是怀抱耶稣的圣母玛利亚——原来这一家人都是虔诚的天主教徒。起初我觉得不可思议，如此偏远的山区怎么会有人信奉天主教？后来想明白了，他们祖祖辈辈生活的村落，不正是百年前那些西方传教士们拜访过的地方吗？村民也许读书不多，却把宗教信仰一代代传下来。即使外面的世界已经发生了翻天覆地的变化，村里依然保留旧制，如同桃花源。看着圣母图在昏黄的灯光下忽明忽暗，我仿佛觉得时空在穿梭，闭上眼便能看到烛光下跳动的人影。他们衣着简陋，却饶有兴趣地围坐在一个高鼻子蓝眼睛的传教士周围，听他用生硬的中文讲神话般的故事。

★ 夜幕中逆流而上

这家人姓詹，男的是生产队副队长。晚饭后，我们一行数人便从屋后上了山。先穿过茶园，茶园种满了武夷山特有的小种红茶，再钻进树林。走了没多久，小溪就忽然出现在眼前。我们蹚着溪水，逆流而上。夜幕下的小溪是两栖爬行动物的舞台。大绿臭蛙与武夷湍蛙趴在石头上，受到惊吓便扑通跳入水中。棘蛙们

★ 奇臭无比的山溪后棱蛇

则喜欢蹲在浅水湾和石头缝间，偶尔呱呱两声，呼唤雌蛙前来交配。一条小蛇刚从石缝中探出头来，便被蒋珂一把揪了出来，原来是山溪后棱蛇。它长得非常不起眼，背部棕黄色，有黑黄相间的纵条纹，腹部接近土黄色，脑袋又圆又小，与黄鳝差不多，一副人畜无害的样子。然而当蒋珂把蜷缩成一团的后棱蛇递给我时，我才知道自己的想法太天真——一股恶臭扑鼻而来。而且这种气味并不单一，像混合了各种鱼腥味、血腥味与腐臭味，直勾勾往鼻孔里钻，让我连连作呕。如果说这气味像屎，屎一定会觉得受到了侮辱。更神奇的是后棱蛇的臭味似乎能违背气体扩散原理,即使过了几个小时,臭味却并不会随时间而减淡。哪怕用了肥皂外加洗衣粉使劲搓,搓破了皮,臭味依然阴魂不散。

午夜前是肥螈活动的高峰期。与山下的小溪相比,这里显然"螈"丁兴旺。灯光向深水处照去,便能看到好几条黑斑肥螈,或在水底爬行,或浮在水面呼吸空气。它们的体色与水里的落叶、枯枝和碎石子非常接近,难以被其他动物发现。如果保护色被识破,肥螈还有第二道防线——皮肤上的黏液。即使在常温下,黏液里面的蛋白质也会在肥螈发生应激反应时凝固,变成白色的絮状物,并

★ 肥螈的体色与环境色彩相似

散发出强烈的硫黄味。这个特征也被 Pope 记录在了他的文章里。更为厉害的是凝固的蛋白质里含有蟾蜍毒素，与令人谈虎色变的河豚毒素其实是同一类物质。电影《厨子 戏子 痞子》里，正反派争夺的焦点，虎烈拉病毒的解药，就是蟾蜍毒素。因此最后电影主角们在中毒后，也用河豚肝作为替代，勉强能自圆其说。当然，电影的科学性不能当真，虎烈拉是霍乱弧菌而非病毒，而蟾蜍毒素属于神经毒素，主要扰乱神经系统信号的传递，两者并不相关。虽然肥螈皮肤中的毒素剂量对人类没啥危害，但对其他小动物却可能致死。与黑斑肥螈装在同一个塑料袋的几只体重超过半斤的棘蛙，纷纷全身痉挛，中毒而亡。肥螈们则仍然在充满硫黄味的浓稠黏液中扭来扭去。

夜深了，来帮忙的村民陆陆续续离开，詹队长送我们三人下山。摩托车没法同时载四个人，于是小马拎着肥螈先行一步，我和蒋珂则沿着下山的小路慢慢走着，等詹队长返回来接我俩。当摩托车的轰鸣声消失在夜幕中后，我才意识到忘了借手电筒。朦胧的夜色下，小路若隐若现，四周寂静如无物。路过一个村子时，四周没有一户灯光，整个村子似乎已经沉睡。突然，静谧的夜空被一阵急促的狗叫声打破。大概是某条看家狗察觉到了生人，开始狂吠。我们还没来得及在黢黑的夜里分辨出狗的方位，吠声便像击鼓传花般蔓延开来。这时我感觉自己前后左右都有恶狗，叫声此起彼伏，最近的似乎就在几米开外。我俩着实吓得够呛，就怕万一哪只狗没有拴好，从黑暗中斜窜出来，咬我们一口，那可就惨了。我紧紧握着抄网的折叠杆，全身肌肉紧绷，心中推演了几招临时自创的打狗棍法，随时准备出击。所幸直到我俩战战兢兢地走出了村子，我担心的正面交锋始终没有出现。吠声渐行渐远，我松了口气，才发现手心已经湿了。这时前方的黑暗中闪出一束摩托车的灯柱，是詹队长返回来了。

詹队长见到我们的第一句话就是小马被摩托车的排气管烫伤了！小马坐在后排，一路无事，临了下车时，脚下打滑，小腿内侧便贴在了滚烫的排气管上。这铁皮烙肉的滋味，想想就让我起鸡皮疙瘩。小马腿上留下一个接近正圆形、直径差不多4厘米的烫伤，疼得他龇牙咧嘴。伤口上起了好几个大水泡，表皮已经裂开，真皮层不断渗出组织液。我用消毒药水与胶布临时给小马包扎了一下，只能等回到山下再找医生处理。从此以后我就落下个心病，只要坐摩托车就格外留意排气管的位置，唯恐重蹈小马的覆辙。

次日清晨，我们告别了这座华东大陆屋脊，坐上南下的班车，前往福建省中部的尤溪县。

曲折戴云

　　从武夷山赶往尤溪，是为了前往福建省腹地的另一座高山——戴云山。唐朝的刘禹锡说，山不在高，有龙则灵。然而对于我而言，非得高山，才有肥螈。戴云山位于尤溪县和德化县之间，与武夷山脉的走势基本平行。根据售票员的指示，我们需要中途换车，先前往梅仙镇，再从镇里寻找上山的路径。三个人在路边被盛夏的骄阳炙烤着，湿漉漉的衣服贴在胸前，扑满灰尘的登山包倒在路边，也不知道下一班车什么时候到来。

　　几经辗转，我们终于抵达梅仙镇，很多村民都挑着农产品在叫卖，狭窄的小街上热闹非凡。我瞥见路边有个卫生所，便拉着小马进去，希望医生能帮忙更换他腿上的纱布。一圈圈打开纱布后，创面已经没有组织液渗出了，看样子很快就能结痂。由于天气炎热，医生不建议缠纱布，而是剪了许多一指长的胶

★ 等待过路的班车

布，把干净的纱布折成四方形，贴在了小马的腿上。几周后，小马的烫伤痊愈了，却又意外地开始对胶布过敏。贴过胶布的皮肤不仅发痒，而且变成了褐色，弄得小腿肚子上黑白相间。然而小马的霉运并未就此结束。

时近中午，我们钻进路边小店吃饭。由于戴云山是计划的最后一站，不用再急着赶路，我们的心情变得轻松起来，这顿饭也吃得特别久。门外几辆摩托车上，师傅们或倚或骑，在五颜六色的摩托车凉棚下抽烟聊天。我打着饱嗝，心想这些人天天在街上转悠，见多识广，说不定知道肥螈。结果一打听，有人还真见过。不久前这人送山民回家，看到别人捉了在玩。我立马拍板，雇他的车，前往这个叫双峰村的地方。小马和蒋珂坐上另一辆摩托车，紧随其后。

载我的摩托车师傅口才极好，说到激动处口沫四溅，甚至有几滴顺风飘到了我的脸上，让我起了一身鸡皮疙瘩。我只好蜷缩在他的背后，捂着嘴偶尔回应两句。蒋珂、小马那辆车虽然搭了三个人，却早已跑到了我前面。冥冥之中，我忽然觉得有些不对劲，总感觉手上似乎少了什么东西。风在脸上呼呼地吹，不安的感觉也越来越强烈。我在脑子里挨个盘点行李——钱包、手机、登山包、小书包、相机包、标本盒、折叠鱼篓……折叠鱼篓！想到这，我后背惊出一身冷汗。从武夷山出来时，小马拎着两个折叠鱼篓，里面全是活的肥螈，现在鱼篓不见了！我急忙给蒋珂打电话，结果他们那儿也没有。如果丢了肥螈，之前的工作就前功尽弃。两辆摩托车赶紧停下来商量，我们一致认为最大的可能就是落在饭馆里了。都怪吃饭时心情过于放松，之后又急匆匆上山，便把放在饭桌下的鱼篓忘得一干二净。我看了看时间，离开饭馆不到20分钟，马上赶回去，应该能寻回来。

到了饭馆门口，摩托车还没停稳，我就心急火燎地跳下车跑了进去。看到饭桌上的残汤剩菜已经被收拾干净，我有种不祥的预感。蹲下身，扫视一圈地面，空空如也。我脑子嗡的一声，只觉得头皮发紧。饭馆老板正好在店里，我只能绝望地向他求助。老板是个瘦小的中年男子，他似笑非笑："让我想想，哦，好像刚才的确看到了，让我找找看。"说着老板转身走进里间，听动静是上二楼去了。我就像被扔到岸上的肥螈，浑身动不了。待他再转出来，手里多了两个蓝色的折叠鱼篓！我顿时双腿发软，这口气总算喘了出来，真是吓死人。

当我还沉浸在侥幸的情绪中时，老板又发话了。他说鱼篓是在自己饭馆"捡"的，所以现在归他了，不能白白给我。我差点儿没背过气去。怎么办？是和他纠缠理论，还是说好话服软？门外看热闹的摩托车师傅们也在起哄，说别人捡到了就该归别人，要怪也怪自己没收拾好。毕竟有这么一出好戏，他们也顾不得打瞌睡了。隔壁小卖部的老板"恰到好处"地出来打圆场，劝我在小卖部买包好烟"酬谢"饭馆老板，说不定能把鱼篓要回来。一番心理斗争之后，我安慰自己，钱能解决的问题，都不是问题。虽然被众人挤对得难受，但也没有更好的办法。饭馆老板接过烟，脸上几分得意，终于把鱼篓还给了我。我瞅了瞅里面的肥螈，安然无恙，便在众人的哄笑声中逃出了饭馆。

为了弥补刚才浪费的时间，我们快马加鞭，往双峰村赶去。两辆摩托车一前一后，从石头路上碾过。向左远眺，山脚下的农田与小镇离我们越来越远。每有清风徐来，便减一丝夏日的焦躁，也舒缓一分内心的不快。山路不算窄，容得下两辆汽车同行，我们紧贴着右边的山体蜿蜒而上。前面的摩托车一拐弯，他们的背影就不见了。待我也拐过这道弯，又能看到他们在前面颠簸。随着海拔升高，路上的碎石子变成了大小不一的鹅卵石，颠得我们上蹿下跳。摩托车开得越来越费劲，必须换到一挡使劲轰油门。因为车速太慢，还熄火了好几次。山路如此难行，摩托车很容易失去平衡。我脑子里突然蹦出个意外的想法——如果翻车了会怎么样？我脑补出人仰马翻的画面，被自己的想法逗乐了。

前面又是一个急转弯，小马与蒋珂的摩托车消失在了弯道之后。当我这辆车也转过弯去后，我看到了一个永生难忘的场景。即使现在回想起来，依然忍俊不禁。炎炎烈日下，光秃秃的石头路正中，一辆摩托车横倒在地，地上散落着塑料碎片，翘起的前轮还兀自滴溜溜地转着。摩托车压着三个人，六条胳膊乱晃。他们试着爬出来，却因摩托车的重量无法脱身。现场并没有车祸的紧迫感，反而自带了几分喜剧色彩。那时的手机还没有拍照功能，我的第一反应是从背包里翻出相机照相，毕竟这种极富戏剧效果的画面，如果记录下来，搞不好可以拿去参加摄影比赛。

然而就在我的手离相机包只有 0.01 厘米的时候，我忍住了。虽然我判断他们应该可以再坚持一会儿，但选择拍照还是帮忙，对蒋珂与小马的心情而言，有本质的区别。电光石火间，我拿定了主意，同时也留下了一辈子的遗憾。我将照相的欲望强行压了下去，奔到他们的车前，抬起摩托车尾杠，让三人能够爬出来。其实摩托车并没我想象的重，估计三人摔懵了，胳膊使不上劲儿。师傅受伤最严重，落地时手臂在石头上蹭掉一大块皮。他看到车架上的凉棚扭曲变形了，灯罩也碎了，连连唉声叹气。我把小马飞到几米外的鞋捡了回来，给他穿上，才发现他腿上破了皮，流了血。真是难为小马了，右腿烫伤，左腿挂彩。蒋珂由于夹在两人中间，基本没有皮肉之伤。他坐在一旁的石头上笑着说，就小马"哎哟哎哟"叫唤的声音最大。直到多年后，多亏朋友帮忙，按着我的回忆作了一幅画，才多少弥补了这个遗憾。

★ 手绘还原了翻车现场

★ 福建山村

　　山道上前不着村后不着店，当务之急是如何前往双峰村。摔伤的师傅勉强能骑车，但不能继续载人了。于是另一个师傅把我和小马先载到村里，再返回去接蒋珂与行李。摩托车离开后，我居然找到一家赤脚医生的铺面，于是向坐堂的老大爷讨要一点儿消毒用的酒精。老大爷或许是耳背，或许是听不懂普通话，我指着小马的伤口连比带画，他才明白我们的意思。老大爷窸窸窣窣地不知从哪儿摸出一个白色的塑料小药瓶，拧开瓶盖，向下抖了抖，确保里面没药片，又慢腾腾地挪到药柜前，探手拿出仅有的一瓶酒精，拔下玻璃瓶上的胶皮塞，颤巍巍地把酒精倒进了药瓶。接过药瓶的时候，我看见里面有一只黑色的蚂蚁，正在酒精中兀自地旋转。

　　没过多久，蒋珂也到了。付车钱时，没想到又节外生枝。上山之前，车费讲好了一共 80 元，但是载我的师傅表示，现在得额外加钱。他指着垂头丧气的同伴说："车摔得那么厉害，修车都得好多钱，况且人都流血了，无论如何得给点医疗费。"我愤愤不平，明明是他们把乘客摔了，我们不计较，他们怎么反咬一口？这个人本来话就多，现在更是能言善道。他反复强调，我们不加钱就不准走。流血的师傅则默默不语，跨在摩托上恶狠狠地盯着我们。或许是他俩看到下午在饭馆的一幕，便也想试试能不能多挤点油水。在经历了今天的一波三折之后，我实在没精力继续与他们理论，便掏了150元。

摩托车师傅走后，我们站在村子正中的小路上，看热闹的村民逐渐围拢过来。他们有的抄着手，有的扛着农具，有的抱着小孩，纷纷七嘴八舌，用我们完全听不懂的方言悄声议论着。村民上下打量着我们，如同见了稀有生物。事后回想起来，其实怪不得他们，毕竟闭塞的山村里并不常有外来客。突然一下冒出来三个，还有个摔伤了腿，这种热闹事儿的确不容错过。然而在当时，耳边仿佛是叽叽喳喳的外语，我的内心也越发紧张与不安。

僵持了一阵，我终于鼓起勇气，询问村民是否见过肥螈。很多人似乎听不懂普通话，我便掏出肥螈的照片给众人传看。村民这下明白了，有人用带着浓厚口音的普通话说，曾在山溪里见过。这个消息令我重新振作起来，便问村里有没有可以过夜的地方。人群的新鲜劲儿也过了，开始陆续散去，留下我们三人，不知所措。就在这时，一个中年男子走过来，说想再看看肥螈照片。直觉告诉我，有戏！我如同见了救命稻草，表示可以按捉到肥螈的数量结算工钱。那人想了想，答应下来，并允许我们去他家二楼过夜。我大喜过望，本以为今晚只能风餐露宿，没想到居然柳暗花明。

到了他家，发现二楼是新建的，刚刚封顶，红砖还裸露在外，门与窗的位置都是预留的大窟窿，外面的风景一览无余。地上散落着碎砖头，角落里有一堆稻草，估计就是我们今晚的"床铺"。我深吸一口气，但愿今晚就能捉到肥螈，然后在这毛坯房里坚持一宿后就可以下山了。

这户房子里其实住了两家人，男主人是亲兄弟。弟弟老婆带着三个小孩，热情地招待我们喝自家的铁观音茶水。小孩则用胆怯又好奇的目光，注视着我们的一举一动。晚饭时，几碗白粥下肚，我的头变得昏昏沉沉，呼出的气息也炙热起来，看样子是发烧了。由于已经和兄弟俩说好，今晚上山找肥螈，所以我只能硬扛。小马走路已经一瘸一拐了，我便让他留在家里处理标本。没想到这个决定居然后来给我们带来了意外的惊喜。

晚上八点，兄弟俩带着我和蒋珂，整装出发。上车之前，我又习惯性地观察了排气管的位置。知己知彼，免受皮肉之苦。翻过低矮的山头后，我们很快在山谷中找到小溪的位置，开始涉溪而上。小溪里重重叠叠堆满了三四米高的花岗石巨岩，要想往上游走，就必须翻过这些大石头。岩石表面上长满了青苔，我手脚并用，才能勉强跟上兄弟二人的速度。

每隔一段距离，溪流中就会出现大小不等的水潭。小的仅一米见方，大的有半个篮球场大。惊险之处，一截枯木以独木桥的方式搭在两个巨石之间，距离下方的水潭足有两三米高。如果脚下一滑，扑通落水，想要再爬上来就难了。兄弟两人走得轻车熟路，我们也只有咬紧牙紧跟其后。一路上我的头晕得厉害，全身乏力，亏得其余三人连拉带拽，倒是有惊无险。

★ 翻越溪流中的巨石

★ 躲在石缝下的肥螈

　　我们来到海拔 700 米的一处水潭，水深度只及膝盖。四个人猫
着腰，在头灯的照射下，搜索水下肥螈的身影。我很快就发现一条
大家伙！它似乎有所警觉，躲到旁边的石头下面，大半截身子却露
了出来。我们越往上游走，水潭越密集，里面的肥螈也越来越多。
不少肥螈正漂浮在水面呼吸空气，顺便捕食落入水中的飞虫。戴云
山的黑斑肥螈颜色差异较大，有的背面是浅黄色，几乎没有黑斑，
而有的个体则呈深褐色，密布着黑色的小碎点。我们四个人很快捉
到三十多条，看看时间，已是夜里十一点。下山的路上，由于心情

变好，似乎脑袋也不怎么晕了，甚至觉得在毛坯房里过夜也没啥大不了的。走到山脚时，我在水渠边的灌木丛中发现许多大树蛙的卵块。它们的卵块被包裹在由雌蛙分泌的泡沫中，悬挂于水渠上方的枝条上，这样就可以避免蛙卵被水里的鱼虾吃掉，增加后代的存活概率。当蝌蚪孵化后，泡沫便自动融化为液体，方便蝌蚪落入水中。

★ 大树蛙把卵产在悬于溪流上方的白色泡沫中

回到村里，小马一脸兴奋，完全没有下午萎靡的样子。他迫不及待地告诉我们，今晚不用睡二楼的毛坯房了！原来晚上他与大姐

★ 抱对中的大树蛙

拉家常，谈到大学学习以及野外工作的不易。大姐联想到大哥家的儿子在县城读寄宿学校，也是与家人聚少离多，动了恻隐之心，慷慨地允许我们睡她侄子空闲着的卧室。没想到小马摔伤了腿，竟然因祸得福，让我们从漏风的毛坯房升级成了带家具的卧室。房间里干净整洁，我们自然乐得合不拢嘴。三人高高兴兴挤上一张单人床，在萦绕的蚊香中沉沉地睡去。

清晨起来，我的头不晕了，烧也退了，人又恢复了活力。准备下山时，我问兄弟俩，从梅仙镇来村里，80元可以雇两辆摩托车，还是这个价，能不能送我们下山。哥哥的一句话差点儿让我吐血——他说昨天看见我们给的是150元，所以他们也要这么多。我欲哭无泪，果然处处都当我是冤大头。捉肥螈的工钱已经结算给他们了，这会儿还要多敲一笔。无论我怎么解释，两兄弟只认死理——既然我给别人150元，那他们也一个子儿不能少。我叹了口气，同意了，权当报答大姐昨晚的好心。

回到福州后，三人在宾馆倒头睡了整整半天，晚上才爬起来处理标本。由于没有合适的容器稀释酒精，只好用茶杯。我把镊子、剪刀逐一放入茶杯里消毒，在烛火上稍微炙烤一下，待肥螈被麻醉后，再小心翼翼地把它的腹部剪开一个小口，剪下指尖大小的部分肝脏，放入预先装有高浓度酒精的离心管里，密封保存。取好组织后，我尽量将肥螈的伤口复原，再给它的腿上绑一个野外专用标签，最后放入盛有福尔马林的标本盒内固定姿态。

这趟出门圆满地完成了任务，没料到回家的过程中还有一段小插曲。我们只买到硬座火车票，必须在火车上熬两个通宵。为了打发时间，我特意在车站买了盒塑料象棋。硬座车厢挤得满满当当，根本没有空座，让我躺在椅子上的愿望也落了空。哐当，哐当，哐当，每一分钟都像在重复刚刚过去的时间。新买的象棋也没有起多大作用。我与小马对弈了三盘，结果就成了笑话里讲的，第一盘我不曾赢，第二盘他不曾输，第三盘我要讲和，他还不肯。连邻座的小伙儿都拿蔑视的眼光看我。我只得把象棋收了，在座位上继续发呆。夜晚才是

★ 在宾馆处理标本

最难熬的，明明已经瞌睡得睁不开眼，却无法入睡。桌子本来就小，还堆满了众人的水杯，根本没有搭手的地方。我把头靠在椅背上，但很快脖子就又酸又僵。一整夜，人都在座位上扭来扭去。迷迷糊糊熬到第二天清晨，列车员来查票，说卧铺车厢昨夜里下了人，有张空床，可以补票。我们如同见了救命稻草，立马掏钱，然后约定轮流去卧铺睡觉。人能够躺下，时间就快了许多。

　　三天的火车终于把我们摇回了家，第一年野外工作也就正式结束了。没过多久，我拖着大包小包的行李，登上了回美国的飞机。

湘西奇遇

　　通过一年的学习与实验，我对肥螈不同物种间的演化关系和种群结构有了更深入的了解。回到哈佛大学后，DNA 分子演化实验得出两个惊人的结果。首先，《中国动物志》上三明治式的肥螈分布图是错误的！近几十年，学者们一直认为无斑肥螈有两个种群，一个在华南的广西及湖南、贵州，一个在华东的浙江中北部。然而我的研究表明，这两个种群之间并没有任何关系，根本就不是同一个物种。分类错误的原因是两者都不具有黑斑。其次，华东所谓的"无斑肥螈"其实是黑斑肥螈的"亲戚"。虽然前者通体棕黑，后者长满黑斑，即便普通人一眼也能看出区别，然而它们的 DNA 分化却相对较小，物种进化真是一个奇妙的过程。

　　重新审视了肥螈的分布后，这一年我决定邀上陈欣，前往分布范围的西北方向——湖南湘西的雪峰山。因为我妈的老家就在湘西，所以这次有不少亲戚帮忙。小婶有个同学在乡供电所当所长，他借了一辆面包车送我们到山脚下。

　　面包车在车辆稀少的沪昆高速上飞驰，头顶火热的太阳烤得车里的人昏昏欲睡。司机突然嚷起来，原来汽车仪表盘上的水温爆表了！停车检查后发现，是水箱在漏水。高速公路上没法修车，我们只能开一会儿歇一会儿，不断往水箱里加瓶装矿泉水。为了给发动机省力，司机关掉了空调和风扇。虽然车窗全部打开，但车内温度很快就攀升到了 40 多度，热得人直喘粗气。大家见了上坡路就紧张，因为司机不敢大力踩油门，只能慢腾腾地爬坡。我们都悄悄跟着使劲儿，仿佛意念能够产生额外的推动力。爬到坡顶，大家松口气，司机换到空挡，面包车终于在重力加速度的作用下畅快地跑了起来。然而没多久，我们又要气运丹田，做下一次爬坡运动。这是我头回坐车坐得比走路还累。

好容易挨到高速公路出口，司机找到一个乡村修理铺。车修好后，我们快马加鞭，终于在天黑前抵达了雪峰山脚下的一个村子。小婶的同学拿着肥螈照片，敲开村民家门，用当地方言问他们是否认识照片上的动物。我们运气不错，第一家开门的老大爷就表示自己见过，并愿意带我们上山。小婶的同学非常好奇，也想跟着去。然而事实证明，他显然高估了自己的爬山能力。

我们顺着小溪向上游走，茅草丛中一个十余平方米的圆形水潭挡住了去路。水潭两侧都是层层叠叠的石壁，几乎与地面垂直，仅有一处巴掌宽的台阶可以落脚。脚下墨绿色的水面离我们约一米距离，潭底深不可见。老大爷一马当先，把砍刀别在腰上，脊背与双手紧贴石壁，小碎步挪到了对面。他再转身伸手，接应队伍中间的两位女生。我在后方找了个稳当的落脚点，也伸出手，与老大爷一前一后，把她们送了过去。轮到小婶的同学时，我正犹豫要不要扶他。他摆摆手，表示没问题，并豪气地让我先走，自己断后。我也没多想，毕竟他年轻力壮，应该不需要帮忙，便把书包背到胸前，也背靠着石壁过了水潭。

我们四人站在对面，只见小婶的同学提了提裤腿，信心十足地踏上了石阶。我刚想夸他步伐稳健，谁知他脚下皮鞋一个趔趄，整个人就毫无阻力地顺着水潭内壁哧溜滑了下去！众人一阵惊呼。慌乱之中，小婶的同学抓住了内壁上凸起的石块，止住了下滑的趋势，然而大腿以下已经浸到水中。他整个人如壁虎一样趴在石壁上，全靠双臂使力，正瑟瑟发抖。我回过神来，急忙准备去拉他。刹那间他又往水里溜了一截，腰部都泡在了水里。我与老大爷同时趴下身，去抓他的手腕。两人一起发力，小婶的同学双脚也使劲蹬，才把他拉了上来。站在水潭边，他的裤脚与皮鞋哗哗流水，兜里的钱包、手机无一幸免，他只好灰溜溜地自己下山去了。

★ 无斑肥螈趁着夜色出来活动

天色渐渐暗了下来，我们纷纷打开手电筒与头灯，加速前进。没过多久，我就在靠近岸边的溪水中发现一条胖乎乎的大肥螈。它棕褐色的轮廓在灯光下一览无余——四肢短小，尾巴粗壮有力。我小心翼翼地把抄网浸入水中，从后面将肥螈赶进了网里。就在这时，豆大的雨点毫无征兆地落了下来。老大爷带了雨伞，我、小婶与陈欣则把仅有的一件雨衣展开，托在头顶。然而方寸之间，顾头便顾不了后背，身上不少地方都被淋湿了。突如其来的山雨丝毫没有减小的趋势，让我不禁焦急起来。根据去年的经验，如果溪水上涨，高处的泥沙便会被冲下来，搅浑溪水，那样便什么也捉不到了。老大爷自告奋勇再往上游走一段，让我们原地待命。

　　夜色中，老大爷的手电筒不断晃动，光柱越来越远，最终消失在大石背后。我们三人挤在雨衣下，为了节约电池，便只留下一盏头灯。我本想拿出手机给山下的小婶的同学打个电话，却发现没有信号。我们无事可做，只能尽量收拢身形，听雨点肆意拍打着头顶的树叶，又嗒嗒嗒地落到雨衣上。孤独的头灯并不能带来光的温暖，反而更衬托出夜的漆黑。没有人说话，时间如同静止了一般，仿佛脱离了现实世界，只剩无边的黑暗与重复的雨滴声。直到塑料雨衣下逐渐升腾的热气让我的呼吸变得沉重，才觉得四周恢复了真实。不知过了多久，手电筒的光亮再次从小溪深处闪了出来。老大爷蹚着溪水，一手打伞，另一只手伸到我们眼前，又是两条肥螈！回到老大爷家后，四人已是从头到脚湿透了。我们不好意思继续打扰，连夜往回赶。

　　面包车在高速公路上飞驰，时间已经接近午夜。司机却发现仪表盘上的水温表又报警了！紧急停车后发现水箱已经漏得精光，原来乡村修理铺根本没把水箱补好。一车人连连叫苦，这大半夜上哪儿找修车铺。更要命的是矿泉水已经喝完了，拿什么给水箱添水？没法子，司机只能翻下高速公路，在附近找水沟。结果还真找着一处水洼，也顾不得水是否干净，把能装水的容器统统灌满。面包车一路走走停停，闷热的夏夜让本来就浸满汗水与雨水的衣服全部黏在身上。回到怀化市区，已是凌晨三点过。

　　由于担心肥螈经不住昨夜的颠簸，我醒来后第一件事便是查看它们是否还健在，还好一个个依然活力十足。从整体形态上，雪峰山的肥螈与去年在猫儿山收获的肥螈接近，但个别背上点缀着零星的黄色碎斑，而后者背面则没有杂色。另一个有趣的现象是雪峰山肥螈成体的腹面为弥散状的橘黄色云斑，而亚成体腹面则是近似多边形的块状花斑，边界非常清晰。依照《中国动物志》的描述，肥螈腹面的色斑是一个重要的鉴别特征。然而在雪峰山，成体与亚成体就有所不同，说明该特征并不稳定，也不应该作为物种间的鉴别特征。拍照过程中，肥螈展现出它萌萌的一面。小眼睛，扁平脑袋，宽大的嘴角略微上翘，

★ 无斑肥螈成体和幼体腹面花纹的对比

★ 呆头呆脑的肥螈

似乎总带着好奇的表情。这张大头照也成了我最喜欢的肥螈照片之一，被用作我的哈佛博士论文答辩的封面。

接下来的行程，我独自往南，坐上了前往通道侗族自治县的绿皮火车。通道县交通闭塞，印象最深的要数过年时姨妈家漫天飞舞的鹅毛大雪与仓库里成捆的绿皮甘蔗。表哥通过木材检查站的熟人把我领上了山，还介绍当地苗族大爷给我们领路。到了小溪边，水流清澈见底，溪底有很多碎石砾，属于典型的适宜肥螈生存的环境。翻了一阵石头，没发现肥螈的蛛丝马迹。苗族大爷说，当地人管肥螈叫"莫叶鱼"，这让我非常费解。可能是因为肥螈常常待在水底有枯枝落叶的地方，最开始叫"落叶鱼"，后来传着传着就变成了"莫叶鱼"。苗族大爷让我不用担心，他这几天晚上都会来瞧瞧，肯定能捉到肥螈。

★ 原矛头蝮藏在落叶之间

★ 原矛头蝮死在棍棒之下

下山途中，我不经意间往地上一瞥，竟把自己吓了一跳——离脚边不远的地方居然盘踞着一条毒蛇。我退后几步，仔细观察，发现这是蝰科的原矛头蝮。它完美地隐藏在满地的竹叶中，伺机发动攻击。听到我的惊呼，表哥与苗族大爷都围上来，啧啧表示我们运气好，没被咬到。原矛头蝮毒性虽不致命，但被咬了依然少不了皮肉之苦，起码得在床上躺几天。虚惊过后，我正准备趴在地上拍照，不料苗族大爷从地上捡起一根树枝，猛地向原矛头蝮打去。我紧拦慢拦，还是没拦住。大爷腕力了得，两三棍子就把蛇打得翻了肚子，口吐血沫，在地上扭曲着。他解释说，如果不把毒蛇打死，就有可能咬到其他上山的村民。看着这一幕，我五味杂陈。倘若不是我叫大家留神，这条原矛头蝮今天也不会横尸于此，作孽啊作孽。山里人对蛇的态度总是很极端，要么打死，要么泡酒，绝不会放它们一条生路。如果将来对蛇类的宣传能更深入农村，或许能减少这种人与蛇势不两立的冲突。

回到乡里，有村民跑来告诉表哥，最近捉到了大鲵，请我们去参观。村民打开门上的铁锁，领我们走进一间阴暗潮湿的小屋。他解释说，大鲵不喜欢明亮的环境，如果受了惊吓，就不吃东西。他揭开大铝盆上的木头锅盖，里面果然是一条野生大鲵。它全长六七十厘米，三斤左右，通体棕色，带有明显的黑斑，比人工饲养的体色更加鲜艳。村民得意地说，这条大鲵就是在山后的溪沟里捉到的，起码要卖 8000 元。所以他当宝贝一样，专门养在小黑屋里。当我对价格瞠目结舌的时候，他又打开旁边的水桶，里面还有一条小很多的大鲵，只有 30 厘米左右。桶里有些活鲫鱼，村民说喂上一年，大鲵就能长两三斤。

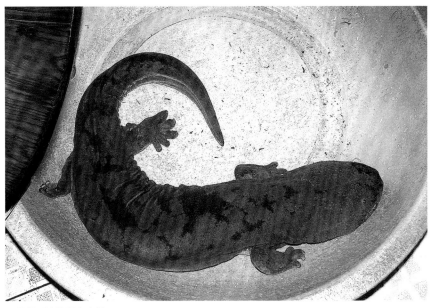

★ 待价而沽的野生大鲵

体型越大，每斤的价格就越高。大鲵虽然是国家二级保护动物，但当地偷偷捕捉大鲵的事情时有发生。虽然近些年由于人工养殖的成功，大鲵售价断崖似下跌，但在盲目追寻野味的畸形观念中，野生大鲵依然千金难求。2018年，中国科学院昆明动物研究所的一项研究表明，中国的大鲵可能不止一种。现在回想起来，这两条大鲵的颜色与我之前见过的都很不一样，说不定就是新种之一。然而它们多半早已做了别人的盘中餐。

湘西之行，只剩下最北边的武陵山脉。世界闻名的地质奇观张家界，就在武陵山中。小姨夫在花垣县有个开矿的朋友，人脉比较广。矿老板打听了一圈消息，听手下人说在离张家界不远的保靖县能找到肥螈，于是亲自驾车，拉着一车人，向保靖的山村驶去。

越野车飞驰在209国道上。我霍然瞥见路边挂着几条大红色的横幅，上面斗大的黑字令我出了一身汗——"新中国绝不允许有匪患！（县委宣）"解放前，湘西土匪的确大名在外。匪首利用山高林密的地势，在穷乡恶水之间割据一方，后来还拍了个电影叫《湘西剿匪记》。但这几十年过去了，难道湘西依然匪患未绝？恰巧当时我正在看《鬼吹灯》系列的第七部《怒晴湘西》，写的就是民国时期卸岭群匪与搬山道士在湘西瓶山的惊险遭遇。虽然我知道这是虚构的故事，但耗子二姑、怒晴雄鸡、六翅蜈蚣、黑琵琶、白猿，以及最后的主角湘西尸王，都被作者描绘得栩栩如生。横幅与小说居然契合在一起，也太巧了吧。

汽车开始转入黄泥小道，沿山体蜿蜒而上。路面顶多只有三米宽，坑坑洼洼，外侧没有任何防护装置。我坐在副驾驶位上，每次拐弯时感觉身体快要被甩出悬崖，只能紧紧攥着车门把手，脚趾抠住鞋底，两眼死死盯着前方。起初我还盘算着，如果真翻车了，山脚的稻田或许能提供缓冲。然而随着海拔越来越高，稻田也指望不上了。崎岖又狭窄的山路，挤了七个人的越野车，实在想不出比这更危险的乘车经历。我手心都是汗，已经放弃了内心的抗拒，转而安慰自己——今天倘若当真"交代"在这湘西野岭之中，也算落叶归根。

★ 崇山峻岭之间的村寨

★ 热情的农家饭

　　出乎我的意料，这满满一车人居然有惊无险抵达了藏在山岭之间的村寨。农家非常简陋，屋外堆着山上捡的柴火，院子中晒着火红的辣椒，屋檐下挂满了扎成捆的老玉米。矿老板的手下报告说，已经提前给村民布置任务，我们则准备吃晚饭。看样子，荤菜早已准备妥当，单留了几个时令蔬菜，等我们到了以后才下锅。两个小方桌拼成的餐桌上很快就摆满了各式大碗，凉拌的、炒的、烧的、煮汤的，荤素搭配，各种各样的农家菜整整齐齐码在大碗里。

　　菜终于上齐了，众人早不知吞了多少口水。湘菜的辣，名不虚传。要么是剁椒，要么是干辣椒，吃得我大汗淋漓。山里民风彪悍，桌下的一桶白酒直接拿碗喝。辛辣的白酒配着筷子上的辣椒，让每个人脸上都呼呼冒着热气，碗筷很快就东倒西歪了。当房前挂着的电灯泡散出莹莹光晕时，我才意识到天色已暗，差点儿忘了肥螈的事儿！然而村民们酒足饭饱，只想坐着吹牛，今晚不愿意上山了。

搞了半天，我一路提心吊胆，翻山越岭，就来吃了顿农家饭。不过他们让我不用担心，答应明天就上山去找，再送到县城来。我拗不过众人，只能把希望寄托在他们身上。

夜色已深，我们与村民道别后，摇摇晃晃走向越野车。沉睡的山林显得格外安静，车窗外黑色的山梁如同巨兽的脊背。月亮刚刚现出身影，就被吞入云的浓墨中。车内漆黑一片，只有仪表盘透出点点红绿荧光。

正当所有人昏昏欲睡时，我陡然发现前方山路的正中有一块西瓜大小的石头。所幸矿老板也看见了，车子很快停了下来。我很纳闷，这条土路只允许单辆汽车通行，上山的时候我一直紧张地盯着路面，不可能错过这块石头。难道是我们经过了这段路以后，正好赶上土石松动，石头便自己从坡上滚了下来停在路中央？虽然这个解释有点儿牵强，但也并非不可能。矿老板的手下把石头挪到了路边，我们继续赶路。不过有了这个小插曲，倒让所有人都清醒了。

刚往前开了几分钟，视野里霍然出现一个近半米见方的花岗岩，堵住了整条山路。如果说刚才那块西瓜大的石头是偶然滚到路中间的，那么眼前的巨石绝无自己移动的可能。地面四周干干净净，没有任何飞沙走石的痕迹。我们来的时候一路无事，怎么下山时连遇两块石头拦路，而且一块比一块大？我百思不得其解。大家只能再次下车，齐心协力才勉强把巨石推到了路边。这时小姨夫意味深长地说："这两块石头，是有人故意搬到路中间的！"

短暂的沉默后，矿老板又发动了汽车。我的心情很复杂，什么样的人会用石头挡住我们的去路？刚走出不到百米，反光镜里霍然闪现出亮光。车上的人纷纷回头，只见坡上的树林中同时亮起四五束手电筒光，在浓密的灌木背后晃来晃去。有人专门埋伏在我们下山的路上！不知道他们是看到我们挪开了第一块石头后，才又摆放了一块更大的，还是两块石头都早早布置好了。无论哪种情况，这帮人的目的都显而易见，就是希望我们下车。至于他们埋伏的动机，总不会单单为了恶作剧吧。我越琢磨越头皮发麻，难道是想趁人下车时行凶打劫？我脑海中亮起一道闪电，猛地想起高速公路边的横幅——匪患！本以为只停留在小说与银幕上的"湘西土匪"，或许真让我碰上了？四周都是荒郊野岭，他们若动起手来，我们只能作案板上的肥肉。

越野车转过几道弯后，手电筒的亮光终于看不见了。夜静如初，就像什么也没发生过。然而我禁不住好奇，他们是什么时候盯上我们的，为什么两度设置障碍却最终放弃了行动？尽管疑雾重重，真相却不得而知了。十几年后，我再次回想起这些片段，依然心有余悸。希望那夜侥幸未能谋面的村民，已经找到合法致富的道路，不再萌生害人的念头。

一周后小姨夫打来电话，说保靖的村民捉到了我要的东西。他们描述这种动物是黄背白肚，四只脚，有时在水里，有时在岸边石头下面，听起来倒与肥螈差不多。然而当小姨夫再次来到保靖，把"肥螈"的照片用手机彩信传给我时，我哭笑不得。这哪儿是什么肥螈，分明是蜥蜴，其中一条还断了尾巴。它们是石龙子科的铜蜓蜥，广泛分布于华南以及东南亚。铜蜓蜥经常游走于草丛、荒石堆或有裂缝的石壁，难怪村民补充说这玩意儿跑得贼快，所以又叫它"草上飞"。蝾螈与蜥蜴，虽说都是一条尾巴四条腿，但前者是两栖动物，后者是爬行动物，差之千里。当地人分不清楚，闹了一场乌龙。

★ 村民将铜蜒蜥误认成肥螈

周游浙江

去年只在杭州附近蜻蜓点水般走访了几个地方，今年的任务则是在浙江绕个大圈。自杭州出发，首站来到桐庐，县城车站的工作人员向我和蒋珂推荐了附近一个叫白云源的景区。辗转来到山上的农家乐时，两人早已饥肠辘辘。老板姓梅，也许是觉得我们风尘仆仆的样子与院中成群结队、呼五喝六的游客形成强烈反差，便拉过一张板凳，坐了下来与我们闲聊。几番寒暄后，我问他是否见过一种在水里的"四脚鱼"。没想到他乐呵呵地说："有啊，我们这儿叫'水壁虎'，就在山上的小溪里，白天躲在石头下面，晚上才出来。"

晚饭过后，梅老板带我们来到树林中一条宽阔的小溪旁。溪水虽然清澈，但水位并不低，而且流速很快，很难看清水底的情况，原来昨天刚下了场暴雨。路过一座废弃的隧道，里面似乎水流相对较缓，我们便踏着哗哗的溪水往隧道深处走去。忽然，一个黑影噗噗地扇动着翅膀，从三人头顶飞过。因为大家的注意力在水底，所以都被上方突如其来的响动吓了一跳。我猜可能是蝙蝠。蝙蝠本身并不可怕，但隧道带来的回音效果却放大了刚才的惊吓。再加上在封闭空间中，会不自觉感觉两侧的墙壁在逐渐合拢，三人都不愿继续往深处走了。回程的路上，梅老板说从前肥螈很常见，现在却少了许多。即使昨天不下雨，今天也未必一定找得到。究其原因，他认为是由于这几年附近公路铁路建设，挖掘隧道排水，导致地下水的水位下降，溪流的水流减少，甚至完全干涸。由于缺水，某些村民和农家乐就在所剩无几的溪流中修筑小水坝储水，进一步破坏了肥螈赖以生存的溪流环境。离开白云源时，我和梅老板约定，如果他后面几天发现肥螈，就给我打电话，我立刻赶回来取。

第二天我们来到金华，前往郊外的双龙洞景区。景区大门外没有住宿，只有几家挂着农家饭菜或野味招牌的饭馆。我与蒋珂拾级而上，问老板娘能否让我们借宿。饭馆门口有个一人高的小水泥房，地面铺上了稻草，里面黑洞洞看不清楚，看样子像是狗窝。虽然饭馆没有额外的床铺，但好心的老板娘看我俩都是学生模样，便同意我们睡在阁楼上。阁楼非常简陋，房顶的大梁椽子都暴露在外。一盏白炽灯，一个小彩电，一个床榻，一床篾席。墙上没有窗户，但有个一尺见方的大洞，估计是便于通风，当然蚊虫们也畅通无阻。不过能有栖身之处，我们已经很满足了。

　　等到天色全黑，我和蒋珂出门上山寻找小溪。由于没能找到

★ 将茅厕当作食堂的绞花林蛇

当地人作向导，今晚只能靠自己了。我们顺着饭馆后墙的小路溜上山，刚走几步便看见一间亮着灯的茅厕。蒋珂立马来了兴趣，顺着墙根与房顶仔细搜寻。研究昆虫与两栖爬行动物的学生都有这个习惯，看到山里的茅厕就如同见了宝藏。原因其实很简单——茅厕的灯是通宵不关的。由于昆虫普遍具有趋光性，对它们而言，夜里昏黄的白炽灯具有不可抗拒的魔力。各类飞虫聚集于此后，便会引来蛙类、蟾蜍和壁虎等捕食者。然而螳螂捕蝉，黄雀在后，两栖动物与壁虎又成为蛇类的食物。

　　头灯在茅厕四周一扫，我们霍然看到一条棕红色的小蛇，大约半米长，正悬挂在外墙的角落。它背面紫褐色，遍布着不规则的深棕色斑纹，原来是绞花林蛇，有的地方俗名叫"烂葛藤"，估计与其树栖生活的习性有关。这种蛇以

蜥蜴与小鸟为食，受到惊吓时，便会缩起脖子，昂着头，一副很凶悍的样子。虽然隶属于普遍无毒的游蛇科，但绞花林蛇的上颚后方却长着毒牙，具有微弱的毒性，能破坏猎物的凝血系统。

我们顺着小路七拐八拐，小溪没找着，居然又绕回到了盘山公路上。没有向导就是麻烦，完全不知脚下的路会通往什么地方。月亮早已爬到头顶，远远的如同银盘，把幽幽的月光洒在地上。四周不用开灯都能看得清楚，唯有远处的树冠，依然是黑乎乎的一大片，如同巨人在低头围观寂静山路上仅有的两个行人。今晚连小溪的影子都没见到，我俩只好悻悻地沿着公路往回走。后来与当地人聊天，才知道这里的情况和白云源类似。山上修了许多小型水坝，导致小溪都干涸了，加上游客乱扔垃圾，生态环境已经不再适合肥螈生存。

顺着公路绕回到饭馆正门，我们踏上水泥台阶，即将走到饭店门口的时候，上方忽然爆发出一阵野兽般的低吼！伴随着哗楞楞的铁链声，月光下一个魁梧的黑影猛地站起来，足有一人多高。我俩没有一点儿思想准备，吓得灵魂出窍，连连退后几步，差点儿从台阶上滚下去。借着头灯，我才看清对方竟然是一头藏獒。它灰白色的毛发如同狮子般炸开，脸上堆积的横肉让我难以看到它的眼睛。原来白天就是这位凶神躲在水泥狗窝里，难怪狗窝的门洞这么大。藏獒在我们靠近之前悄无声息，快到门口时才扑过来，可见老谋深算。要不是有铁链锁着，我和蒋珂都得被撂倒。老板娘事先也没给我们打个招呼，这冷不丁窜出来，实在太吓人了！几分钟后，后院的房间亮起灯，老板娘趿着拖鞋出来，喝住了藏獒，我们才逃似的跑回了阁楼。躺在篾席上，仍然心有余悸，加上蚊子的骚扰，又是一个难眠的夜晚。

来浙江好几天，我们仍然一无所获，只能折向东行，前往新的地点——金华市澧浦镇。镇上居民告诉我们，附近有个宅山村，或许能找到肥螈。正午的山村很宁静，路上没有行人，只有大树上的蚱蝉在"吱呀吱呀"叫个不停。小卖部里有五六个人在打麻将，我便以买冰棍为由头，与村民们闲聊起来。逮着合适的机会，蒋珂把话题引到了肥螈上。村民们看了照片，一个老大爷表示前两天在山上就碰到过，于是我们立刻请他带我们去寻找。老大爷有些犹豫，似乎舍不得牌局，却最终被牌桌上的人支走了。我们愉快地嘬完冰棍，把大部分行李留在小卖部，随老大爷上了山。

　　顺着二尺宽的山间小径一路往上，宅山村离我们越来越远，视野也逐渐开阔起来。路边有条小水沟，时隐时现，证明山顶水源丰富。快到山腰时，我们离开土路，左拐右拐，穿过茂盛的野生猕猴桃灌丛，

★ 石壁上，泉水淅淅沥沥

来到一处垂直的石壁下。石壁拔地而起，足有十多米高，头顶有淅淅沥沥的泉水流下。石壁底部阴冷潮湿，长满了青苔和蕨类植物。老大爷指着地上两个不起眼的小水洼，表示肥螈就在里面。我十分惊讶，水洼长宽都不足一米，水深刚过手腕，怎么可能有肥螈？这完全颠覆了我对肥螈生活环境的认识。我轻轻挪开水洼中的石块，避免搅动起水底杂质。忽然，一条漂亮的肥螈毫无征兆地就出现在眼前，我几乎不敢相信自己的眼睛。

小家伙个头不大，安安静静地趴在水底，并没有受到惊扰。它背面棕黑色，腹面有非常漂亮的红色花纹。在受到外界刺激时，会把身体蜷成一团，露出鲜艳的腹部，应该是对捕食者的警告。我们很快又找到了它的几条同伴。真是难以置信，如此狭小的水洼里居然生活着这么多肥螈。除肥螈外，我还观察到了溪蟹与嘴上自带漏斗的角蟾蝌蚪，或许这三者组成了一个微型的食物链？蝌蚪

★ 小水洼中的肥螈

以水面漂浮物为食，肥螈和溪蟹又以蝌蚪为食。现在正值雨季，暴雨频繁。我猜测，当上游的溪水变成山洪时，各种水生生物也被一股脑地冲下来。洪水过后，它们就被困在石壁下的水洼里。

★ 肥螈露出鲜红的腹部

　　在宅山村旗开得胜后，第二天我们继续西行，在浙江最西端的衢州也顺利采集到了肥螈。这时手机突然响了起来，原来是桐庐白云源的梅老板。他兴奋地在电话那头说："我捉到两条'水壁虎'，要不要来拿？"听到这个好消息，我高兴得合不拢嘴，表示马上赶过去。虽然只有两条，但对我的课题而言，采集到不同地方的肥螈，是全面分析物种演化过程的关键。

　　不过白云源的喜讯也让我们面临新的难题。之前预想的采集线路是一路南下，如果现在倒转行程，回到浙北，然后再重新往南赶路，至少会浪费两天的时间。野外工作本来就是与时间赛跑，最近全省范围内都没有大范围降雨，如果不趁机会多跑几个地方，谁知道过几天天气会变得怎样。权衡之后，我决定独自返回桐庐取肥螈，而蒋珂则单枪匹马继续往南，前往遂昌附近的山区。

　　回到衢州已时近中午。匆忙买了些糕点充饥，我便踏上了返回桐庐的班车，而蒋珂则在长途汽车站等候去往遂昌的大巴车。我与他挥手告别，开启第一次单独旅行。从衢州到桐庐的班车需要三个多小时，在没有智能手机的年代，打发时间是个难题。当乘客陆续上车后，我便蜷缩在最后一排靠窗的座位上，掏出一本德斯蒙德•莫利斯写的《裸猿》（*The Naked Ape*）。这本泛黄的旧书本来是哈佛大学图书馆的藏书。某次图书馆大扫除，放了不少旧书在书架上，任人自取，这本书便是其中之一。作者把人类比作一种缺毛少发的动物，抛开文明的影响，以物种进化的观点来解释人类现有的行为。我手中的英文书引来了周围乘客好奇的目光，估计他们心里在嘀咕，这个打工仔模样的人居然在看英文书。

　　大巴刚驶入空旷的桐庐汽车站，便看见两个小工拎着个大白桶，跨坐在摩托车上。梅老板言而有信，不仅帮我捉到了肥螈，还直接送到县城里。我抑制不住内心的兴奋，车还没停稳，便着急地跳下去，快步向他们走去。接过桶，掀开盖子，桶底的清水中果然有两条来自白云源的肥螈。与其他地方的肥螈相比，白云源的肥螈身型特别修长，具有非常强的攀爬能力。它们用腹部紧贴桶壁，利用水的吸附力，使自己像壁虎一样不会从垂直表面跌落下来，看来"水壁虎"的称号并非浪得虚名。

★ "水壁虎"名不虚传

★ 白云源的肥螈身型特别细长

　　在遂昌与蒋珂会合后，我们向西南方向的九龙山国家级自然保护区进发。九龙山主峰1724米，为浙江省第四高峰，排在凤阳山、百山祖、天目山之后。我在地形图上找到一个叫黄沙腰的小镇，正位于九龙山麓，便决定坐上开往黄沙腰的中巴车，路过合适的山村就下车。

　　根据中巴车售票员的指点，我们在盘山土路的某个无名岔路口下了车。我与蒋珂背着登山包，沿着摩托车道往山里走。黄昏时，我们终于看到了村庄。两人又累又渴，路过别人门前的台阶，屁股便不由自主地靠了上去。村民们已经吃过晚饭，正聚在小卖部乘凉，看到我们便围拢过来。我表明来意后，一个小伙子自告奋勇，今晚就上山碰碰运气。但他嫌我们碍手碍脚，让我们在村里等消息。这时天色已经黑了下来，村民看我俩都是老实学生模样，便答应让我们睡在堂屋的地板上。入夜后，隐约听到从山上传来阵阵雷声。我不禁暗自着急，希望不要下雨。

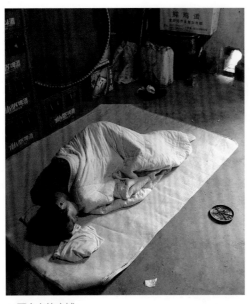
★ 两个人的床铺

夜已深，雨终究没有落下来，但那个小伙子能否找到肥螈，依然是个问号。主人家各房纷纷关灯睡觉，村民从里屋抱出一卷草席、一床薄棉絮，便是我们过夜的全部家当，我俩只好把衣服脱下来当枕头。冰凉的水泥地上散落着几个烟头，墙边堆满了杂物与整箱的啤酒。多亏我机灵，问村民要了盘蚊香，否则今晚蚊子又要集体来吃"自助餐"。灭了灯，我与蒋珂各自拽着棉絮的一角，生怕睡熟后棉絮被对方拽走。虽是盛夏，但山里夜间的温度却让人冷得发抖。身下的水泥地着实硌得慌，平躺、侧身、趴着，无论如何变化姿势，都像在平锅上烙饼。当我终于模模糊糊有了点儿睡意时，有个毛茸茸的东西突然在我脸颊边蹭了一下，吓得我猛然坐起身，睡意全无。黑暗中我手忙脚乱打开头灯，扫视一圈，发现居然是只小土狗，正埋头嗅着餐桌四周地上的食物残渣，令我哭笑不得。

这一晚我数不清醒过来多少次，每次都以为睡了很长时间，估摸快天亮了，但一看手机，才过了个把小时而已。烦闷焦躁之中，终于听到了公鸡打鸣，心里顿时踏实了——天真的快亮了。安心之后，反而又睡着一小会儿。再睁眼，门板的缝隙间已经透出微弱的晨光。我穿好衣服，推门出去，漫无目的地走在村间小路上。天色渐明，已经听得到各家各户起床做饭的动静。农田与山林间蒸腾出薄雾般的氤氲，把小山村庄包围在安详的氛围中。我溜达回来，蒋珂依然在熟睡，这下他终于能独享这床薄棉絮了。我注意到大门旁的墙角有个小洞，原来关灯睡觉后，小狗就是从狗洞钻进堂屋的，难怪之前没看到它。幸亏钻进来的不是老鼠，否则一夜都无法消停。不过下个月在江西的时候，我就没这么幸运了。

　　主人家也陆陆续续起床，准备新一天的工作——洗花生。三轮车从后院拉出整捆连枝带叶的花生，村民把花生从根部摘下来，扔进装满水的大澡盆，反复搓洗。由于捉肥螈的小伙子还没回来，我闲得无事，便加入了劳动的行列。我一边帮忙，一边与他们聊天。相比昨天晚上，彼此的距离感又消除了许多。其中一人兴致勃勃地说，他以前在广东信宜打工的时候，在山里见过类似肥螈的小动物，不过皮肤不像泥鳅那样滑溜，反而和癞蛤蟆一样全是疙瘩。我心中一惊，难道他描述的是肥螈的近亲——瘰螈？

　　在进化历史中，肥螈与瘰螈就像亲兄弟。它们外形相似，大小也差不多，最明显的区别就是皮肤质地不一样。螈如其名，瘰螈皮肤上长满了密密麻麻的

★ 肥螈的近亲——皮肤粗糙的瘰螈

瘰螈粒，如同大麻子，而肥螈则皮肤光滑得像泥鳅。瘰螈与肥螈的生活习性也有所不同。瘰螈偏好海拔较低、宽阔平缓的水域，如溪流下游、小河、水库等，而肥螈大多生活在细小的上游溪流之中。如果情势所迫，瘰螈也能在潮湿的陆地环境生活。它的四肢较肥螈更为发达，可以快速爬行。

瘰螈的分布范围比肥螈略广，除了国内，越南北部也有它的身影。根据《中国动物志》的描述，广东仅有一种瘰螈，即生活在香港附近的香港瘰螈。然而村民打工的地方在信宜，离香港好几百公里。根据他的描述，我相信粤西的确有瘰螈，因为除非亲眼见过，否则不可能一语道破其皮肤上的特点。不熟悉的人，即使看着它们的照片，都可能认成蜥蜴。因此我判断，这可能是一个从未记录过的瘰螈新种类，于是将这条线索记在了心里。

干完活，后背已微微出汗。回到堂屋，蒋珂终于从地上坐了起来，依然睡眼惺忪。捉肥螈的小伙子也来了，端出印着大红喜字的脸盆，其中盛着十多条

★ 九龙山收获颇丰

★ 在农家后院处理标本

肥螈。它们背上全是小黑点——黑斑肥螈！原来这里已经从无斑类群过渡到了黑斑类群。其中一条特别肥大，身上的黑斑也尤为明显，其他的肥螈则体色相对较暗。成年个体的腹部基本没有黑点，呈现均匀的肉色。而亚成体腹面的黑斑则非常明显，甚至连接成扭曲的花纹。这种差异再次证明肥螈腹面的花纹会根据生长发育而产生变化。

　　由于无法在接下来的行程中携带这么多肥螈，我只能把它们处理成标本，否则白天气温升高，肥螈会受热而死。如果处理不及时，脏器与肌肉中的 DNA 都会发生降解，影响后续实验。我在屋后找到一张方桌，铺开了处理标本的各种工具。消毒、开膛、取肝脏、写标签、做记录，每一项都有条不紊地进行着。蒋珂则负责检查整理之前的肥螈标本。如果肢体已经定型，就可以从酒精中捞出来，存放到塑料盒里，给今天的标本腾位置。

完成了九龙山的任务，我们收拾好背包，继续南行，前往龙泉凤阳山。凤阳山属于国家级自然保护区，主峰黄毛尖为江浙第一高峰，海拔1929米。工作人员指点我们前往大田坪保护区工作站寻求帮助。今天有位陈师傅值班，他听说我们要找肥螈，爽快地答应了。陈师傅带着我们来到一段小溪边，这里水流很少，高高矮矮堆满了岩石。他说肥螈就藏在石头下面，率先开始翻石头。有的石头实在太重，只能一个人撑住，另一人探头搜索。

★ 陈师傅带着我们翻石头

★ 溪蟹一家子

没见着肥螈，我先捉到一只腹部爬满幼蟹的雌性溪蟹。幼蟹只有绿豆大小，模样已与成体无异，纷纷挤在母亲的团脐下面。我观察了一会儿，便把这一家老小放回了溪中。陈师傅翻开一块石头后，猛地向前一扑，似乎把什么东西摁在手中。等他站起后，手中已经捏着一只肥硕的棘蛙，足有七八两重。我还在感叹这只棘蛙硕大的体型，蒋珂忽然喊道："找到了！"话音未落，一条滑溜溜的肥螈被他抬手甩到长

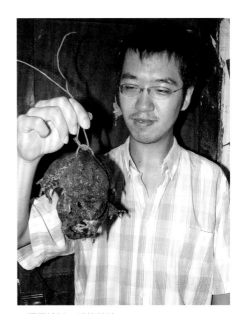

★ 重量接近一斤的棘蛙

满青苔的石头上。我连忙跑过去一看，是典型的黑斑肥螈。自从找到第一条，大大小小的肥螈都纷纷现身。其中一个小家伙通体金色，只有零星几个黑斑，

★ 一条金黄色的小肥螈

腹部也没有花纹，是我见过的最漂亮的黑斑肥螈。

第二天，我们赶往浙江之行的最南端——泰顺的乌岩岭自然保护区。泰顺这个地名，听起来就吉利。向保护区工作人员汇报过后，我们交代面包车司机在办公楼外等着，自己则轻装上阵，只带了抄网和折叠鱼篓上山。进了山门，遇到一群工人正在整修河道，与他们闲聊了几句。工人们众口纷纭，有的说在岸边石头下能见到肥螈，有的说刚才在小河里还看到了，感觉都不靠谱。与他们道别后，没走多远，天空忽然转阴，背后扫过几阵凉风，接着传来一声闷响。我心中咯噔一下，天气预报可没说今天有雨啊。再走几步，几颗豆大的雨点凭空现身，啪啪砸在水泥地上，留下一小滩印记。我顿时悲从心起——暴雨来了！我俩没带雨具，这下不仅没法上山，回去都是问题。我与蒋珂面面相觑，眼看这山雨欲来的架势，还是撒丫子往回跑吧。然而暴雨并没有给我们任何机会，在先锋部队抵达地面几分钟后，千军万马就密不透风地泼洒下来。跑到刚才与工人聊天的地方，早已人去楼空，空旷的山门内就剩下我们俩。

两人上身已经湿透了，而离山门还有一段距离。我实在跑不动了，瞥见干涸的河坝对面有很多小树与灌木，便拉着蒋珂过去避雨。然而当雨量超过一定程度后，再繁茂的树叶也没有作用。我们坐在石头上，头上落下千丝万缕的雨帘，顺着脖子一直往下流。雨水经过脊背和胸口，灌进裤子，再汇聚到鞋里，脚趾头仿佛成了水缸中的鱼。十几米以外的事物都被暴雨刷上一层灰蒙蒙的颜色。没人知道暴雨什么时候能停，也许再过一个小时，也许就在下一分钟。我们只能在这种未知的等待中煎熬。我从书包里竟然翻出个塑料口袋，连忙倒扣在头上，以寻求心理安慰。蒋珂则早已放弃了抵抗，低头抱膝，如同雕塑一般。

暴雨从峰值到骤停就如同刚才下雨前的镜头倒带。来时雷霆万钧，去时也绝不拖泥带水。半个小时后，暴雨毫无征兆地停了。我俩仿佛刚从水池里被捞出来，浑身上下找不到一块干燥的地方。两个人一路滴滴答答回到山门外，看见面包车还在那里，悬着的心才放了下来。如果司机怕我俩困在山上回不来，卷包跑路了，那才真是山穷水尽。只见他悠闲地跷着二郎腿，放倒了座椅靠背，正啃着我们带的蛋黄派。我和蒋珂狼狈地取出干净衣服，去保护区办公楼里换上。换衣服的时候，连内裤都拧得出水来。直到穿着整齐，浑身才有了些暖意。我让司机立刻调转车头撤退，这哪儿是泰顺，是太倒霉。

坐在面包车上，我一边往嘴里塞蛋黄派，一边翻地图，看看附近是否还有高海拔的区域。我注意到北边的东坑镇方向有一片山岭，便让司机直接从小路插过去。镇上旅店老板热心地找来了经常上山的村民，村民答应帮我们捉肥螈。为了表示诚意，同时也给中国科学院昆明动物研究所收集标本，我特意买了他捉的三只棘蛙。这三

★ 三只棘蛙同命相连

个倒霉鬼被塑料绳捆住了腰身，名副其实成为拴在一根绳上的蛤蟆。棘蛙本来是跳远健将，然而当其中一只想要往前蹦的时候，却总被身后的同类拽着。刚跳出去一小步，又被朝反方向跳的蛙拖了回去。三只棘蛙各奔一头，结果只能是原地蹦跶。

出门十来天了，背包里的衣物已经轮换了好几次，本来应急用的零食也在乌岩岭被司机吃得所剩无几。加上最近天气变化无常，雨量开始增多，后面行程中的采集难度可能增大。我盘算着不如趁着未来三天无雨，再次分头行动，提高工作效率。蒋珂也觉得有道理，决定明天就动身，前往东边的雁荡山，我则留在镇上等村民捉肥螈，然后独自前往浙江中部的大洋山。两人约定事成后在温州会合。

第二天一大早，蒋珂就坐上回泰顺的车走了。想到未来几天都全靠自己了，紧张自不必说，又莫名带着点兴奋。返回旅店，我与老板聊天，话题自然又扯到肥螈上。老板没捉过肥螈，但他狡黠地表示，自己捉到了好东西。他从厨房的水池中取出一个塑料瓢，里面居然装着一只平胸龟。平胸龟俗称大头龟或鹰嘴龟，名副其实，它的脑袋很大，无法缩进壳里。平胸龟的上下颚带着尖钩，又恰似鹰嘴，四肢都生有利爪，尖锐有力。平胸龟的另一大特点是尾巴特别长，因此又被广东人称为龙尾麒麟龟。有报道称，平胸龟可以爬树，遇到危险时甚至会从溪流上方的树干上奋力跳下来，潜入水中。

老板捉到的这只平胸龟没有外伤，四肢饱满，爪子和尾巴都很完整，腿上覆瓦状的鳞片如同锁子甲，一看就是在野外生活得很好的强壮个体。在中国南方，平胸龟本应是分布最广、数量最多的龟类，然而近些年种群数量大幅下降，已经难觅踪影。终其原因，主要还是老饕们的胃口太大，觉得这种鹰头龙尾的龟特别滋补。除此之外，宠物市场也会消耗一部分。其实平胸龟并不好养，水质不好的话容易导致腐皮，所以一般人买回去没多久就会死掉。在 2021 年 2 月最

★ 旅店老板捉的平胸龟

★ 溪流中自由自在的平胸龟

新发布的《国家重点保护野生动物名录》中，平胸龟从之前的三有保护动物提升到国家二级保护野生动物。这就意味着平胸龟将享受与小熊猫、黑熊、大天鹅这些明星物种同等级别的保护。以后若再非法捕捉平胸龟，就得小心吃牢饭与巨额罚款。到了下午，村民果然带回来六条黑斑肥螈，我便把自己关在门内处理标本。

　　次日清晨，我背上收拾妥当的登山包，拎着标本盒，奔向浙江腹地的大洋山。一路马不停蹄，换了四趟车，经过景宁畲族自治县、丽水市、缙云县，终于赶到了大洋镇的前村。日头已偏西，村民正赶着水牛回家，家家户户都升起袅袅炊烟。坐了一整天汽车，屁股与大腿已经失去了知觉，我扶着座椅才摇摇晃晃下了车。站在街口，我东张西望，当地人老潘迎了上来。

老潘曾协助中国科学院的学生收集两栖爬行动物标本，所以我事先联系上了他。到家后，洗了脸，我们坐在堂屋中喝茶聊天。老潘说他们这儿肥螈到处都有，趁着现在天还没黑，可以带我去溪沟里看看。我喜出望外，也顾不得疲乏，跳起来就跟着老潘往外走。出了门，遇到几个八九岁的小孩在街上游荡。他们看到我这个外来游客，纷纷围着我打探。孩子们一听我是在找肥螈，纷纷要求同去。

　　溪沟就在村外，绕着水田而过。水田里是一丛丛的类似芦苇的植物，后来老潘告诉我，这是当地盛产的茭白。我们没走多远，就见到水底中有一条黑黢黢的身影，正随着水波摇曳。还真是肥螈！我连忙拽出抄网，小心翼翼地靠近它的头部，再从尾部方向轻轻一拨，肥螈便本能地往前一蹿，自投罗网。大洋山的肥螈没有黑点，看来我又回到了无斑种群的分布区。不过它棕黑色的背部两侧各有

★ 村里的小孩帮忙捉肥螈

★ 大洋山的肥螈

一条弥散状的橘黄色条带，很像在花鸟市场见到的肥螈。随行的小孩们也学着我的样子，弯腰四处搜索，还真让他们捉到几条，一个个高兴坏了。没想到在其他地方需要千方百计才能找到的肥螈，在大洋镇竟然得来全不费功夫。

回到老潘家，我开始处理肥螈。他家就一张方桌，喝茶吃饭都用它，现在又成了我的实验台。老潘闲着没事，便蹲在我旁边观摩。给标本定型时，我才发现随身带的酒精不够了。酒精的作用是吸收标本体内多余的水分，破坏细胞中各种酶的活性，还能消毒杀菌，防止标本腐败。村里黑灯瞎火的，买不到医用酒精，我灵机一动，向老潘讨了半瓶白酒。我琢磨着，高度白酒的酒精含量不低，凑合着也许能用。然而几天后标本就出现了腐烂的迹象，我猜多半是酒里兑了水。

★ 老潘观摩我处理标本

　　与此同时，蒋珂在誉有"东南第一山"的雁荡山也采集到了肥螈。与大洋山的无斑种群相似，当地肥螈背部两侧同样有断断续续的橙色条纹。然而细看之下，其背面还散布着淡淡的棕色小圆斑，分明又是黑斑种群的特征。其实早在 20 世纪 80 年代，浙江自然博物馆的蔡春抹老先生就曾观察到这一现象。老先生认为，浙江的肥螈以雁荡山、仙霞岭为界，往北为无斑类群，最北到天目山，往南为黑斑类群，并延伸入福建省。而位于分界线上的种群，如雁荡山的肥螈，就同时拥有两者的特征。

我和蒋珂终于在阴雨绵绵的温州会合。在浙江省绕了一个大圈后，我们圆满完成了采集任务。回杭州的路上，联系到开水兄，大家一年多没见，又聚在了一起。推杯换盏间，我们聊到了有尾目中的"大熊猫"——镇海棘螈（*Echinotriton chinhaiensis*）。镇海棘螈是我国特有的蝾螈科动物，仅分布在浙

★ 雁荡山的肥螈体色介于无斑与黑斑之间

江宁波瑞岩寺附近的狭窄区域内。外形上，它与我在广西金秀采集到的细痣疣螈十分相似。这不奇怪，棘螈属和疣螈属本来就是进化历史中的亲兄弟。镇海棘螈全身黑色，粗糙的皮肤会有革质般的反光，只有手掌、脚掌、尾下为橘红色。背上全是密密麻麻的小疙瘩，背脊与体侧更有成排的大颗疣粒。与亚洲其他蝾螈科动物相比，棘螈有个独门绝技——它的肋骨上长有尖锐的骨刺，肋骨末端也演变成尖刺状，受到威胁时，这些尖刺会刺穿皮肤，露出体外，让捕食者无从下口。与此同时，皮肤腺中的毒素也随着伤口流出。如果捕食者咬住棘螈，其柔软的口腔就会受到来自尖刺与蝾螈毒素的双重攻击。这种自损八百以求杀

★ 中国蝾螈中的"大熊猫"——镇海棘螈

敌一千的自卫方式是如何演化出来的，依然是科学界的未解之谜。

在长达 80 年的时间里，全世界只有两种棘螈，就是镇海棘螈与琉球棘螈。顾名思义，后者仅分布于琉球群岛。根据历史记录，有人于 1935 年曾在台湾鸡笼山采集到三条标本，怀疑是琉球棘螈。然而直到现在，再没有人在台湾见过棘螈的踪影。进入哈佛大学后，我才知道这三条标本就存放在学院的标本馆内。可当我兴冲冲地去查标本时，管理员才告诉我，标本早被一个日本学者"借"到日本去了。十几年后我再次查阅了标本馆的网上数据库，记录显示标本依然在日本人手里，看样子对方并不准备归还。核实不了标本的真实身份，80 年前的悬案就无法破解。

之所以强调"曾经"只有两种棘螈，是因为几年之后，我与好友侯勉及几位合作者共同发表了棘螈属的第三个物种——高山棘螈（*Echinotriton maxiquadratus*）。2013 年，侯勉意外获得一条雌性棘螈活体，采集地点并不在浙江省，而在广东省。当他告诉我时，我不相信，以为是恶作剧。侯勉立马把照片发给我，我才惊讶得无话可说。这条棘螈的体侧有一排呈三角形的疣粒，

★ 新发现的世界第三种棘螈——高山棘螈

细看之下，白色的尖刺已经穿透皮肤，赫然暴露在外，正是棘螈属肋骨穿刺的特征！我俩特别激动，当时就判定，这很可能是一个未知的新物种。随后我们进行了 DNA 与形态学的分析，实验结果相互佐证，这的确是世界上第三种棘螈！更为独特的是，镇海棘螈与琉球棘螈都生活在靠近海岸线的丘陵地带，而新物种却是在高山草丛中被发现的，说明它的生活习性已经发生了改变。描述高山棘螈的学术论文一挥而就，这或许是我写得最酣畅淋漓的文章。我深知，这不仅仅是发表一个新物种那么简单。

高山棘螈的发现，除了向世界宣告它的存在，更具有极为重要的进化学与生物地理学意义。镇海棘螈和琉球棘螈，一个生活在浙江，一个生活在琉球群岛，中间隔着辽阔的东海。这种隔海相望的分布是怎么形成的？蝾螈都是淡水动物，不可能游过去。生物地理学上有个假说，猜测在距今两百多万年前的第四纪冰川时期，由于千里冰封，可流动的海水减少，导致海平面下降几十甚至上百米。如此一来，琉球群岛整体就暴露在了海平面以上，整条岛链形成一片首尾相接的山脊。这条山脊东起日本九州，途径我国台湾，最后一直连接到我国大陆的广东福建一带。岛链变作海上的桥梁，使茫茫大海成为通途。各种生活在大陆上的动植物，也包括棘螈，靠这条上千公里长的大陆桥，一步步穿过了东海，抵达琉球群岛，甚至日本本岛。

如果大陆桥假说成立，根据琉球棘螈的分布，沿着现在的岛链作延长线，交汇于大陆的广东福建，那么这些地方也应该有棘螈分布。进一步推论，顺着华南的海岸线北上，直到现在镇海棘螈生活的浙江省，都应属于棘螈的分布范围。纵然理论如此，琉球棘螈发表于1892 年，镇海棘螈发表于 1932 年，80 多年过去了，却没有人找到位于两者之间的种群。发现自广东的高山棘螈，正是这缺失的一环，是大陆桥假说最直接、最有力的证据！同时，这一发现也从理论上支持台湾存在棘螈的可能性，从而证明那三条采自鸡笼山又遗失在日本的疑似标本并非空穴来风。我们可以想象，棘螈很可能曾经分布在长江以南沿海的广阔地区，一直延伸到台湾，再到琉球群岛。然而斗转星移，冰川消融，桑田变沧海。随着海平面上升，大陆桥再次沉入海底，大部分棘螈都消失了，仅仅留下最后几个孑遗种群。百万年后，我们通过这些零星的线索，成功还原了生物地理演化的过程。

然而生物学上如此重要的物种，却极容易成为盗猎者的目标。根据 IUCN 的数据，琉球棘螈的保护现状是濒危，镇海棘螈的状态是极度濒危。这意味着两种棘螈都随时可能灭绝。而它们却恰恰是两栖爬行动物爱好者垂涎的宠物，黑市售价高达 200 至 2000 美元一条。毋庸置疑，新发现的高山棘螈绝对会成为他们的下一个目标，甚至会因为身份特殊而"备受青睐"。新物种一经发现就沦为盗猎者追逐的对象，并非没有前车之鉴。早在 2002 年，我的朋友在老挝发现了一种长相奇特的老挝螈，自发表后被疯狂盗猎，甚至有丧心病狂的贩子到原产地论斤收购，据说原产地已经难见其踪影。

所幸 2019 年 8 月 CITES 第 18 届缔约方大会上，镇海棘螈与高山棘螈一起被纳入了《公约》的附录 II，从而基本切断了"合法"从中国出口到国外的途径。根据最新发布的《国家重点保护野生动物名录》，镇海棘螈提升为国家一级保护动物，高山棘螈新增为国家二级保护动物。希望通过国际执法协作与国内保护措施的结合，能给中国特有的棘螈留下最后的生存空间。

军锋寻斑

　　前文提到过，无斑肥螈的模式产地在广西大瑶山，而黑斑肥螈的模式产地则难以确定具体位置。在大名鼎鼎的 Armand David 于 1876 年的记录中，地点是 Kiansi méridional，即江西南部。几十年后 Clifford H. Pope 作了进一步说明，具体到"Tsitou, 7–8 miles east of kienchangfu, eastern central Kiangsi"，即一个叫"tsitou"的地方，离"kienchangfu"大约 12 公里。虽然几位作者都采用的是韦氏拼音，不同于现代汉语拼音，但后者依然容易辨认，指的是江西省建昌府，府衙就设在如今的南城县。然而"tsitou"这个地点就麻烦了，估计是村镇一级的行政单位。由于"ts"可能对照汉语拼音中的字母"c"或者"z"，而"tou"可能对应汉语中的"dou"，因此或许念"磁斗"或者"字斗"。不过一百多年过去了，这个行政单位是否还保留至今，或者早已改了名字，都不得而知。我最终也没能在南城附近找到匹配的地点。除了地名的不确定性，还有另一个让人挠头的问题——如今的南城县城周围 10 公里以内，只有一些丘陵，最高的山头也不过海拔 400 米，根本不适宜肥螈生存，所以"tsitou"应该并不在南城县城附近。

　　细看之下，我发现这些低矮的丘陵都属于同一座高山的余脉——军峰山。它以 1760.9 米的海拔，俯瞰整个江西中东部平原。山脚下便是南丰县，县城离主峰直线距离不过 10 公里，正好符合 Pope 的记录。我又上网查阅了建昌府的资料，发现自明朝以后，其辖区从南城县逐渐扩大到了黎川、广昌、资溪、新城、南丰诸县。所以军锋山下的南丰，依然属于建昌府。如此一来，线索就吻合了。所以黑斑肥螈的模式产地必然在南丰县西边的军峰山中。

　　顺着这个思路，我打算直奔军峰山的主峰，就算把溪流里的石头翻个遍，也要把黑斑肥螈翻出来。我邀请中国科学院成都生物研究所的郭玉红博士同行，踏上了赣东寻斑之旅。我们从南昌出发，直达南丰，又换乘中巴车，再雇摩托车，到了傍晚时分才来到山脚的一个山村。村名叫石头村，竟然与文献中的 tsitou 非常近似。难道阴差阳错，我真的找到了黑斑肥螈最初的采集地点？这个答案只有地下的 David 与 Pope 两位老先生知道了。

　　我和老郭拖着发麻的大腿，踉踉跄跄从摩托车后座跨下来，走进了暮色中的村庄。说是村庄，其实就是黄泥小路旁稀稀拉拉修了几座瓦房。我瞥见一户

★ 军锋山中的石头村

★ 吴师傅和泥砌灶台

农家大门敞开，院子里有个打着赤膊的村民正在和泥。他把几桶红棕色的泥土倒在地上，加上清水，一边用铲子把泥土拍碎，一边用双脚来回踩。我们客气地向村民问好，表明来意，拿出肥螈照片问他是否见过。村民姓吴，有些木讷，一边继续和泥，一边埋着头说："知道，山上有。"我问他能不能今晚带我们上山，吴师傅终于停了下来，依旧站在泥里，胳膊架在铁铲上，想了想，说要先问问老婆。过了一会儿，他从阴暗的里屋走出来，答应做我们的向导，并允许我们在厨房后面的仓库里过夜。

我如释重负，捉肥螈和住宿两个问题都解决了。我与老郭坐在屋外的小板凳上，看着吴师傅继续和泥。他家里的灶台年久失修，摇摇欲垮，所以需要重新砌一个。傍晚时分，我们围坐在黑黢黢的木桌四周，头顶正中吊着一盏白炽灯。几碟昨日吃剩的素菜，米饭倒是管够。或许是刚才我们对吴师傅的客气劲儿打动了他，他居然从厨房角落里掏出两瓶啤酒，给我和老郭每人倒上一大碗。碰了几次碗，双方的拘束感没了。舌头开始打转，话却多了起来。

晚上八点过，天色由浅灰转为黑蓝色。站在院子里，互相都看不清对方的脸。我逐渐感觉头重脚轻，呼出的气息也有些发热。看来是路上着凉感冒了，让酒精一催，症状又加重些。在老郭的劝说之下，我留在院子里，由吴师傅领着老郭上山找肥螈。坐在小凳上，我看着他们整理好装备，拿着两个手电筒出了门，晃悠的灯光最终消失在村外的小路尽头。夏末秋初，山里的夜已经开始发凉。我把随身带的抗病毒冲剂倒在嘴里，就着凉水，嘎咻嘎咻嚼了咽下，又从背包里翻出两件长袖卫衣套在身上。

我悄无声息地坐在院子里，因为没有主人家的邀请，不方便进屋去坐。为了省电，我关掉头灯，把自己融入黑色的夜幕之中。没有任何能打发时间的东西，甚至连本书都没有。眼睛看不清东西，听力就变得格外敏锐，溪流声、虫吟声、犬吠声，都像山村入梦后的呓语。直到肚子莫名疼起来，我才被拉回到现实世界。幸好吴师傅临走前告诉我，他家对面的红薯田边有个茅厕。我急忙赶过去，里面黢黑一片，差点儿一失足成千古恨。终于解了燃眉之急，脑子也清醒了些。我本想顺着村中小路四处走走，结果没走两步，忽然身后猛地冒出一串狂躁的狗叫声，似乎就近在咫尺。我被吓得差点儿跳起来，只能拔腿就跑。不知道老郭那边怎么样了，发短信也不回，我只能继续发呆。

到了夜里十一点，门外终于再次闪出手电筒的光束，随之传来说话的声音——他们终于回来了。我迫不及待地迎上前去，压住内心的紧张，故意用轻松的语调问："怎么样，捉到了吗？"实诚的老郭笑了笑，伸出手指，比了一个六。心中的石头终于落地。然而老郭上山后才发现相机出故障，无法开机，所以一张照片都没拍，只能口述路上的经过和肥螈的生活环境。吴师傅卸下装备，来不及休息，又钻进了厨房，站在灶眼里，开始拆老灶台。里屋传来他老婆的训斥声，大意是埋怨他回来得太晚，一天到晚不做正事。我和老郭见势不对，相互使个眼色，连忙溜到厨房后面的仓库。

拎着吴师傅给的钥匙，我推开仓库门，摸索了半天，终于找到灯泡的开关拉线。拉开灯，便看见层层叠叠的木箱堆满了靠里的大半个房间。每个木箱长宽差不多一尺，由松木条钉成，木条之间留有指头宽的缝隙。屋内是硬邦邦的泥巴地，凹凸不平。想到今晚要睡在地上，心里就有点儿发怵——硌得慌。我问吴师傅有没有能铺在地上的垫子或褥子，多多少少能软和一点儿。然而他翻箱倒柜，只找到两个装化肥的编织口袋。吴师傅跪在地上，把化肥口袋压得平平整整，仔细得如同在叠一床新晒好的棉絮。如果说上个月在浙江九龙山睡的水泥地板如同镜面一样平整，今天的泥巴地就像画有等高线的地形图。薄如片纸的化肥口袋只能起到心理安慰的作用。刚躺下去，身下冷不丁就冒出一块高地，顶着肩胛骨。把后背挪个位置，又碰上个坑，只能把腰悬在那里。胖的人还好，有自身的脂肪做缓冲。像我这种瘦子，只能硬碰硬。我与老郭并肩躺在化肥口袋上，默默倒数着时间等天明。

入睡是一种不切实际的想法。微弱的星光从门板上方的小窗户透进屋来，可以勉强看到堆积如山的木箱轮廓。我在心里默默盘点着身下每一处丘陵与低洼，身旁传来老郭匀速且逐渐加重的鼾声。迷迷糊糊之中，我听到有无数急促而细碎的脚步开始在木箱上跑动。又过了一会儿，哗啦哗啦的跑动声变得肆无忌惮，甚至能听到有东西撞到了木箱。不难猜出这是什么动物在捣乱。我想兴许过会儿它们就不闹了，然而对方以为屋中无人，更加猖狂，竟然在箱子背后打起架来，挨打的还偶尔发出"唧唧"的惨叫。我叹了口气，就这破仓库，还得跟一群胆大包天的老鼠分享。人在黑暗中，感官就格外敏感。突然，有团毛发从我手边一蹿而过，吓得我一个激灵坐了起来。我气急败坏地摸到头灯，用强光对着木箱扫射。光亮并不能镇住作乱的鼠群，我甚至能看到它们奔跑的黑影。我把头灯一直开着，只希望井水不犯河水，它们别再跑到我们身边来。

迷迷糊糊挨到五点钟，老鼠们终于安静下来，昏暗的头灯也宣告电量即将耗尽。小窗外的天色开始发青。我索性套上外衣，走出了吴师傅家的院子，沿着村间小道散步。头顶的天光逐渐亮起来，整个村子都看得清楚了。村宅三三两两散落在土路的左右，路边的水稻叶尖已经发黄，开始结实灌浆。稻田远处与丘陵相接，再往远看，便是晨曦中层层叠叠的山峰。

★ 晨曦中的稻田与远处的军锋山

★ 同一条溪流中的黑斑肥螈体色各异

我踱回吴师傅家，查看老郭昨晚带回来的肥螈。大的足有 20 厘米长，小的差不多 10 厘米，果然是我要寻找的黑斑肥螈。它们个体之间的颜色差异很大。以最大的两条为例，一条呈淡土黄色，另一条却几乎是棕黑色。把它们翻过来看，

★ 黑斑肥螈幼体，长得倒像无斑肥螈

土黄色那条腹面完全没有斑点，而棕黑色那条则如同长了一肚子麻子。两条肥螈都是雌性，可以排除性别导致的差异。体色如此迥异的肥螈居然生活在同一

条溪流里，真让人难以置信。而更让我惊奇的是三条亚成体的花纹与成体完全不同。它们背部的黑斑并不明显，身体后半段两侧有断断续续的小红点，腹面黑斑连接成网格状的花纹，像极了浙江的某些无斑类群。我曾一度怀疑它们的真实身份，然而后来的 DNA 数据表明，它们的确是货真价实的黑斑肥螈。看来肥螈的色斑变异远超出学者们的想象。

　　完成了采集任务，也受够了仓库中老鼠的折腾，我便与老郭一起收拾背包，准备离开。一想到吴师傅为我们耽误了修灶台，遭了数落，我心里就过意不去，于是塞了些钱到吴师傅手里，希望他老婆不再生气。谁知吴师傅连忙推还给我，说哪儿有帮朋友还要收钱的道理。我鼻子一酸——当今社会，这么忠厚淳朴的人不多了。他留我们在家里吃住，又因捉肥螈而不得不修灶台到后半夜，却未想收取分文报酬。感动之余，我更加坚持，一定要他收下。推了几个来回，吴师傅终于把钱捏在了手里，脸上是难为情的笑容。钱虽不多，却代表我一片心意，不知他多年后是否还能记起这段短暂却不寻常的经历。

　　因为灶台还没完工，吴师傅没法送我们回乡里，便把我们托付给一个正好要下山的邻居。跨上摩托车，我回头望了望远处的山峦，心生感慨。遥想一百多年前，平静的山村中忽然来了个洋神父。他从小溪中捞起来一种自己没见过的蝾螈，送到法国后，命名为黑斑肥螈。百余年后，我可能是第一个又回到这里寻找黑斑肥螈的学生。这一个多世纪发生了多少翻天覆地的变化，但对于在军峰山生活了百万年的肥螈物种而言，不过是一瞬间。当暴风骤雨席卷青山绿水间的村庄时，肥螈依然静静地趴在清澈的溪底，伴随它的只有如时间一样哗哗流淌的清泉。

就在我发愣的时候，一条土狗跑了出来，懒洋洋地横躺在小路正中。昨晚很可能就是它把我吓了一跳。摩托车突突喷出几缕白烟后，邻居载着我和老郭绝尘而去。山谷之中，一片接一片的果园映入眼帘，树上似乎没有果子。我好奇地问邻居："这里种的是什么果树？"他惊奇地回答道："你居然不知道？这些是南丰最有名的蜜橘哩！以前可是给皇帝的贡品。"我又问他："那为啥现在都9月了树上还没结

★ 再见了，军锋山

果？"邻居的自尊心不允许我小瞧了当地特产，索性停下车，带着我们溜进了果园。仔细一看，原来枝头挂满了比鸡蛋还小的青皮橘子，只因行车太快，没有注意到。邻居告诉我们，蜜橘成熟后，满树金黄，别看个头都不大，但汁多味甜。我这才反应过来，原来昨晚仓库中老鼠攀爬的木箱，正是装蜜橘用的。南丰蜜橘一直让我心心念念，直到几年后才在超市买到了。一口一个，果然皮薄汁多，风味浓甜。

龙盘莽山

　　从军锋山回来，学校也快开学了，没想到签证被领事馆卡住，只能改签机票，推迟返校的时间。不过这样一来，反而又多出几个星期，可以跑跑计划之外的地方。正好在两个月前，肥螈属里发现了第三个成员——弓斑肥螈。这个消息让我十分震惊。黑斑肥螈与无斑肥螈分别发表于1876年与1930年，而近一个世纪后，肥螈属居然能再添新物种，这大大出乎所有人的意料。

　　既然有了富余的时间，我自然想去弓斑肥螈的模式产地——湖南桂东县的齐云山。但就在出发之前，蒋珂建议我先走一趟湖南宜章县的莽山，原因有二：其一，莽山也有肥螈，而且离着齐云山不远，算是顺道。其二，莽山的生物特异性很高，去那儿转转说不定会有惊喜。莽山最著名的明星动物当属莽山原矛头蝮，一种带有神话色彩的巨型蝮蛇，它仅分布于湖南莽山和临近的广东乳源。成体又粗又长，可达两米，足有数千克重。相比之下，我国其他蝮蛇种类要么纤细，要么粗短，都无法与莽山原矛头蝮相提并论。

　　当地瑶族传说，先祖伏羲与女娲本是半人半蛇，他们将自己的蛇形继承给了一种巨蛇。这种蛇身绿尾白，被瑶族人称为"小青龙"。瑶族人认为，他们与"小青龙"是一母所生的亲兄弟，因此将其奉为图腾。在国内各种毒蛇中，只有莽山原矛头蝮全身具有黄绿相间的网状花纹，恰恰尾部末端又为白色，正

★ 杀气咄咄逼人的"小青龙"

好符合"小青龙"的传说。虽然在土著神话中传承了千年,莽山原矛头蝮直到
1990 年才被学术界认识。它的分布范围小得可怜,偌大个世界,只有在莽山附
近才能见到它的身影,它属于货真价实的濒危物种。莽山原矛头蝮的发现立即
引起轰动,不少盗猎者趁着保护措施不到位,蜂拥而至,黑市价格一度攀升至
数万甚至几十万元。曾经有朋友绘声绘色地向我描述,蛇贩子开着越野车去收
购莽山原矛头蝮,拿到蛇后就把越野车换给了捕蛇人。种种传说,让我对莽山
原矛头蝮和神秘的莽山心向往之。

这次有个喜欢养蛇的新朋友与我同行。他本名张旭，网名"张小蜂"。张小蜂最初只是单纯的蛇类爱好者，陆续和我跑了几次野外后，走上了学术研究与科普教育的道路。我本身对蛇就有三分畏惧，心想着带个捕蛇能手，正好给自己保驾护航。谁知这是搬起石头砸自己的脚，后来反而被张小蜂吓得够呛。

　　莽山地处南岭腹地，位于湖南、广东两省交界。车到山脚时，天已经擦黑了。我们来之前联系好了正在莽山做科研的研究生朋友小莫，他答应来接我们，然后一起去半山腰的保护区管理站。计划永远赶不上变化，小莫临时有事耽搁了，我们只好在路边昏黄的路灯下等待。天上的星星已经亮了起来，映着从山上流下来的小河。河水哗哗地吟唱，绵延不绝。

　　小莫姗姗来迟，与他一同前来的居然是大名鼎鼎的"蛇博士"陈远辉先生。陈先生年近六旬，和毒蛇打了三十多年交道，被咬无数次，摸索出一套治疗蛇伤的独门绝技。他这辈子最大的骄傲就是发现了莽山原矛头蝮，并把标本带给了中国科学院成都生物研究所的赵尔宓先生，两人最终共同发表了莽山特有的"小青龙"。他后半辈子一直致力于研究莽山原矛头蝮，为此还丢了半截中指。陈先生因莽山原矛头蝮而出名，从地方频道到中央电视台纷纷找他录制节目，他早已是电视明星。没想到我居然第一次来莽山就能碰上他。与陈先生的聊天自然离不开莽山原矛头蝮，听着他讲述近几年的饲养与繁育工作，我对他又多了几分敬意。陈先生也很高兴地听我介绍肥螈的科研课题，并强调莽山的小溪里的确有肥螈，如果有困难，可以找他帮忙。四个人在路灯下聊了很久，竟然不觉夜已深。与陈先生告别后，我、张小蜂、小莫三人雇车往山上的保护区管理站驶去。

　　小莫的研究生课题需要他常来莽山考察，他在当地已是熟门熟

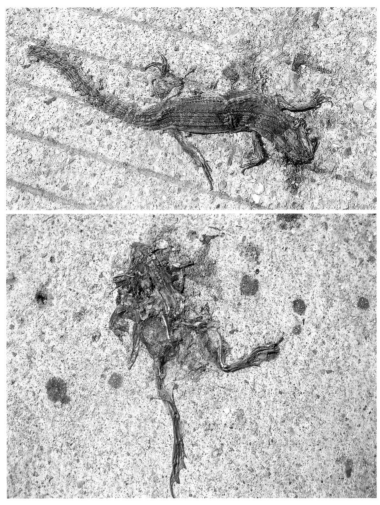

★ 死于景区车轮之下的两栖爬行动物

路。他主要研究保护区内修建公路对生态环境的影响。山里本没有路，来玩的人多了，便修了水泥公路。原本绵延不绝的森林和灌木丛，被光秃秃的公路一分为二。五六米宽的路面，对人类而言，就是十来步的距离，但对小动物尤其是两栖爬行动物来说，则可能是一道不可逾越的屏障。数百万年的进化历史中，它们习惯了丛林中的植被，却在最近十几年被迫面对空旷、光滑、干燥的地面。小动物会产生困惑，究竟应该朝哪个方向前进？它们不仅活动受阻，更有丢掉性命的危险。公路上车来车往，留下一个个血肉模糊的轮廓。有的尸体经过反复碾压，薄得就剩张皮，让人难以相信它曾经是三维的活物。所以调查公路造成的负面生态影响，是非常有意义但又常常被忽略的问题。

到了保护区管理站后，我们放下背包，向值班的一高一矮两位护林员问好。聊起此行的目的，他们都说见过肥螈，正好晚上没事，不如现在就去找找。我们顾不上歇脚，赶紧又背上包出发。只要能找到肥螈，再苦再累也值得。两辆摩托车载着五个人，"突突突"地消失在夜幕之中。不知走了多久，我们停下车，穿过一片竹林，开始搜寻密林深处的小溪。张小蜂偶然在落满竹叶的地上发现一只髭蟾亚成体，比乒乓球大不了多少。我曾在广西金秀采集过髭蟾蝌蚪，每一只都如同蝌蚪界的巨人，最长的接近 10 厘米，比眼前这只亚成体大多了。

★ "逆生长"的崇安髭蟾

根据形态判断，这是一只崇安髭蟾——又一个以武夷山旧名命名的物种。崇安髭蟾的皮肤上有着像皱褶一样的肤棱，背面是褐色并略微偏紫，靠近嘴部又偏赤红色，全身布满不规则的黑色花纹。最漂亮的当属它的眼睛，分成上下两半，上半截是白绿色，下半截是深棕褐色，堪称"阴阳眼"。除了硕大的蝌蚪，髭蟾还有一个神奇的特征，就是雄蟾在冬季的繁殖期内，上唇会长出坚硬的黑色锥状角质刺。这也是名字中"髭"字的缘由。角质刺的数量与位置，成为区分不同髭蟾种类的关键特征。雄性崇安髭蟾的上唇两侧会各长出两到六枚大刺，而它的亲戚峨眉髭蟾更是多达 10 到 16 枚大刺，民间称之为"胡子蛙"。至于繁殖期的雌蟾，则只会在对应位置长出橘红色的斑点。雄蟾们用这些硬刺在水下岩石的缝隙中大打出手，争夺雌性和产卵地点。繁殖期一过，这些利器没了用武之地，就会自行脱落，只留下浅浅的疤痕，待来年再长出来。

★ 繁殖期的雄性崇安髭蟾，嘴边各有三枚黑刺

★ 繁殖期的雄性峨眉髭蟾，外号"胡子蛙"

★ 雌性福建竹叶青

告别逆生长的髭蟾，我们踏进了清澈见底的小溪。溪水轻快地从石块上奔过，在秋夜中透着寒气。沿途散落着大大小小的水潭，深者及腰，浅的仅仅没过脚踝，正是适宜肥螈生活的典型环境。我们溯溪而上，沿途搜索水底。张小蜂忽然喊道："有蛇！"会是莽山原矛头蝮吗？我激动地三步并作两步，冲上前去，希望能在野外邂逅"小青龙"。走近一看，咦，原来是条福建竹叶青。大家围拢上来，灯光都汇聚到蛇的身上。竹叶青摇晃着脑袋，吐出长长的信子，试图捕捉空气中的危险信号。

它气势汹汹，显然不满我们的打搅。这是一条通体暗绿色的母蛇，腹部两侧各有一条白色的条纹贯穿全身。竹叶青虽然凶猛，却奈何不得张小蜂手中的蛇钩，被他挑进了半透明的蛇袋。这袋子看起来只有薄薄的一层纤维，我都替他捏把汗。虽说保护区有"蛇博士"坐诊，专

★ 张小蜂将竹叶青收入囊中

治各种蛇伤，但如果真被咬了，还是得遭不少罪。这一晚我们沿着小溪走了很久，却始终没能见到肥螈，只能返回管理站。

第二天我们又去了更远的山头，好几处看起来铁定有肥螈的环境中，却一无所获，让我难免有些焦躁。回到营地时天色渐暗，然而本来已经没入浓厚云层中的太阳，却在最后时刻迸发出光芒，用金色的晚霞再次照亮天空。朝霞不

★ 晚霞中的保护区管理站

★ 护林员珍藏的小鱼干

出门，晚霞行千里，看样子明天是个大晴天。晚饭照例是几个人围在厨房的方凳前吃饭。护林员给我们讲各种乡野奇谈，比如谁家生了一窝小狗，有的有尾巴，有的没尾巴。酒足饭饱后，矮个儿护林员从里屋拿出了珍藏的小鱼干。他说这东西泡水后腥味十足，撒到小溪里，说不定能诱来肥螈。

带上装备，跨上摩托车，我们第三次出发。最后这个地点已经出了莽山自然保护区的范围，位于广东省乳源县境内，骑摩托车需要一个多小时。黑夜里，两辆摩托车各自射出一道笔直的光束，在崎岖的碎石子山路上飞奔起来。方圆几十里的山林如同宏大的靛青色水墨画，只有两束灯光在画卷上相互追逐。山脊上出现一小片空地，立着水泥砌成的宣传栏，正对我们这一面墙上是湖南莽山国家级自然保护区的公示牌。转到背面，写着广东省南岭自然保护区和广东省乳阳林业局的介绍。原来我们正站在湖南和广东的交界线上。

★ 位于两省交界的公示牌

跨过省界，碎石路变成了水泥路面，我们也加快了行车速度。抵达目的地后，我们把摩托车停在路边，下到溪流中。这里到处都矗立着两三米高的巨石，像是很久以前从两岸的山体上滚落下来的。我和护林员快速在巨石间跳跃，只有张小蜂落在最后。

经过这两年的历练，我已经可以穿着胶鞋在石头上作跳跃式的疾走，完全跟得上当地人的速度。诀窍其实很简单——脚不能停，脚尖只作瞬间的支撑，在石头上落脚后立马跨下一步。身体依靠惯性，保持高速前进。掌握了这个诀窍，即使怪石林立的溪沟里也能走得如履平地。不过有个前提，即需要对行进的路线有提前判断，走一步得往后面看几步；否则如果眼睛跟不上脚的速度，也会摔跤。

我们在一处水潭边停了下来。这里被几块巨石包围，底部堆积着沙砾与落叶，看样子很适合肥螈生活。护林员把小鱼干撒了下去，我们趴在石头上，紧盯着水底的动静。为了不惊扰肥螈，我们关掉

★ 髭蟾蝌蚪对着小鱼干大快朵颐 　　　　　★ 雄性福建竹叶青

了大部分光源，只留下一盏小灯。没过几分钟，真有东西陆陆续续从阴暗处游
了出来，看身影和肥螈差不多。我激动得血脉偾张，失败了两回，这次终于要
开张了！我握紧手中的抄网，连忙打开头灯。几束灯光汇聚在水潭底部，魑魅
魍魉纷纷显形，原来是髭蟾蝌蚪！我大失所望，如同泄了气的皮球。闻到鱼干
的味道后，饥饿的蝌蚪争先恐后地游过来，越聚越多，肥螈却依然不见踪影。
我们又换了一处水潭，连袋子里的腥水也倒干净了，还是只诱来大量的蝌蚪与
虾蟹。就在我萎靡不振的时候，张小蜂却有了收获。一条福建竹叶青不知道为
何掉进了水潭，张小蜂兴奋得赶紧用蛇钩去捞。与昨晚那条相比，这条个头要
小一些，但颜色更加翠绿，尾巴略成焦红色，在身体两侧的白线上又额外点缀
了一条红色的条纹，弯曲的脖子仿佛随时准备发动致命一击。虽然我对蛇类并
不了解，但莫名就感觉这条比昨晚那条还要凶猛。不出所料，张小蜂说这条是
公蛇，别看它体型小，脾气却暴躁，更容易攻击人。

　　在莽山的最后一次尝试最终宣告失败，不过我们却发现了不少夜晚出来活
动的蛙蟾，算是弥补了一点点没有捉到肥螈的遗憾。各种各样的蛙蟾都聚集到

小溪边，或捕食昆虫，或寻找配偶。在我手边的岩石上就趴着一个金黄色的小家伙，体长不足三厘米，呆头呆脑很可爱。这是只刚刚完成变态的小棘蛙，还需要好多年才能长成半斤以上的成体。没走多远，我们又在溪边找到一只全身棕褐色、头顶有个深色倒三角色斑的角蟾。它的蝌蚪对我来说并不陌生——嘴边自带漏斗，让食物

★ 刚变态不久的棘蛙幼体

★ 角蟾，它的蝌蚪嘴上长了个漏斗

★ 福建掌突蟾

★ 竹叶蛙

顺着水流流进嘴里。我们接着又发现一只福建掌突蟾，算是角蟾的远房亲戚。掌突蟾的特征在于其手掌内侧的瘤状突起又大又圆，几乎占到手掌的一半。与棘蛙横向的瞳孔不同，掌突蟾的瞳孔像猫一样，是竖着的。最后出场的竹叶蛙个头不小，它的名字来源于其灰绿色的外表，很容易与落在地上的竹叶混淆。竹叶蛙喜欢树林茂密、阴冷潮湿的生活环境，也常常坐在溪边长有青苔的岩石上。

来的路上，我坐的是矮个儿护林员的摩托车。回程途中，出于偶然，我与张小蜂互换了座驾，坐上了高个儿护林员的车。事后证明，这是一个糟糕的决定。重新进入莽山境内后，水泥路面又变回了碎石路，再次颠得我七荤八素。然而屁股还没来得及抗议，摩托车大灯闪了几下，竟然不声不响地熄灭了！我俩连忙停车，高个儿护林员对着灯罩左拍右敲——这让我想起了老式黑白电视机，出了问题就对着机壳拍几下——大灯果然原地复活了。我们松了口气，跨上摩托车去追赶张小蜂他们。结果跑了不到十分钟，大灯再次熄灭。这次任凭怎么敲打都毫无反应，仿佛刚才只是回光返照，现在终于寿终正寝了。在这前不着村后不挨店的茫茫大山里，我们怎么回得去？我正焦急地担心是否需要两条腿走回管理站，忽然拨云见月，才发现今晚竟是满月。双眼适宜了短暂的黑暗后，依稀能看到路面上泛着白光的石子。高个儿护林员高兴地说："今晚好天气，没有车灯，照样能开！"

　　重新跨上摩托车，我还没做好心理准备，高个儿护林员就猛踩一脚油门。我被惯性带得往后一倒，摩托车已经飞奔起来，速度丝毫不亚于刚才有灯的时候。我差点儿吓个半死，连忙紧紧拽住他的衣服，赶紧让他放慢速度。高个儿护林员的自尊心似乎受到了打击，他坚持表示，自己对莽山的各条小路都了然于胸，有灯没灯照样跑。我唯恐他过于盲目，一不留神就把车开到沟里去。蒋珂和小马摔得人仰马翻的场景依然历历在目。我不断劝他慢点慢点，他却总说没事没事。

　　午夜，透过层层树林，隐约能看到一辆摩托车，如幽灵一般，在两三米宽的碎石子路上风驰电掣。我全身肌肉紧绷，精神高度紧张，随时准备跳车。在树林稀疏、视野开阔的地方，能看到四周都被银白色的月光照亮了。驶入密林时，则只剩下星星点点的光亮印在小路与树干上。由于注意力高度集中，我对时间的概念已经模糊了，直到远处终于出现泛黄的灯光，才意识到已经成功翻越了层层山林，回到了管理站。高个儿护林员把车停在厨房门口，潇洒地锁上车，打了声招呼，拂衣而去。似乎在他看来，无灯夜骑只是一件稀松平常的事。我则难掩兴奋，拉着张小蜂讲起刚才的遭遇。他听完反问一句："你们怎么不用电筒？"

次日早上，走出房门就看到晴空万里。我们收拾好行装，准备下山。跑了三个地方都没能找到肥螈，多半是季节不对，多待也只是浪费时间。趁着光线充足，临走之前张小蜂把昨晚捉到的雄性竹叶青拿了出来，好好拍几张照片。我忽然想到，他捉了两条竹叶青，我怎么没注意到他放哪儿了？每天晚上回到管理站都累得不行，哪

★ 张小蜂准备给竹叶青拍照

★ 遗憾告别莽山

儿还会关注他捉的蛇。现在张小蜂变戏法似的把蛇拎出来，让我头皮一阵发麻。我问他晚上蛇放在什么地方，他神情轻松地回答："一直在床下啊，有啥问题？"我又着急又好笑，怎么能把毒蛇放在我们睡觉的房间里呢！蛇袋那么薄，万一蛇钻出来，顺着床脚爬到床上，后果不堪设想。本以为张小蜂能保驾护航，结果倒好，直接引蛇入室。虽然张小蜂拍着胸脯打包票，对蛇袋的严密性有绝对的信心，但我不敢放松神经，只能随时留神他的蛇是否有越狱的迹象。

下山途中，看到碧蓝天空下绵延不断的青山，我忍不住让护林员停下车，与张小蜂拍照留念。在这密不透风的树林中，隐藏着数不清的小溪。让我心心念念的肥螈，就躲在某处缓缓的溪流之中，可惜这次无缘相遇。既没能捉到肥螈，也不曾碰上"小青龙"。虽然见到两条福建竹叶青，但它们的气质更像刺客，远远没有莽山原矛头蝮的盘龙之势。出发前，蒋珂说或许有惊喜，结果只是失望。不过我对莽山的肥螈并没有放弃，因为蒋珂的猜测其实是正确的，只是惊喜要晚几个月才会揭晓。

　　回到小莫在山下的住所，他打开电脑，向我们展示了在莽山拍摄的各种两栖爬行动物。相比我们这两天的浮光掠影，他见到的物种数量比我们多得多，比如红黑相间的福建珊瑚蛇，叫声如牛哞的宽头短腿蟾，还有本身无毒却善于模仿眼镜蛇的斜鳞蛇。然而最令人瞠目结舌的还是一张花臭蛙的照片。花臭蛙广泛分布在中国南方，我在浙江天目山就曾捉到过，没什么特别之处。但这只却是难得一见的珍品——本该是绿色部分的皮肤呈现出梦幻般的宝石蓝。这种变异并非由于额外获得了蓝色色素，而是缺乏了本该存在的黄色色素。蛙类之所以呈现绿色，是由三种色素细胞共同作用的结果。黑色素细胞铺垫底色，彩虹色素细胞本身不产生色素，但会反射太阳光，特别是蓝色光，而黄色素细胞的作用则是与反射的蓝光相叠加。蓝色加黄色，就成了绿色。如果发生极其罕见的基因突变，导致蛙类缺乏黄色素，我们肉眼看到的就是彩虹色素细胞反射出的蓝色。

★ 一身梦幻蓝色的变异花臭蛙

★ 新物种黄斑肥螈

　　美国曾有蓝色牛蛙的报道，但由于牛蛙种群基数大，观察到变异的可能性也就大了许多。相比之下，野生蛙类出现这种变异，我还没听说过，因为蓝色的蛙更容易被捕食者发现，活到成年的概率可能是几千万分之一，甚至更低。我急切追问花臭蛙的下落，小莫却尴尬地告诉我们，这只蛙已经被他们当作普通花臭蛙泡成标本送回学校了。如果要形容我当时的心情，鲁迅先生有一句话很贴切——悲剧将人生的有价值的东西毁灭给人看！

　　离开莽山后，我便拜托常居长沙的张小蜂帮我留意肥螈的情况。第二年春末，他果然在护林员的带领下找到两条肥螈，并拍摄了它们在山溪中生活的情况。莽山的肥螈种群没有黑斑，体色比广西与浙江的无斑肥螈更淡，呈棕黄色，腹部散布着橘黄色的云斑。无论个体大小，其背部两侧都有断断续续橘黄色的条状斑纹，有的甚至延伸至头部，非常醒目。另外，它们虽然长得腰圆膀粗，但四肢并不像大瑶山的那样短小。我渐渐开始怀疑它们的身份，既不像无斑肥螈，也不像黑斑肥螈，更不可能是弓斑肥螈。带着心中的疑问，我去中国科学院成都生物研究所查阅了以前老先生们从莽山采集的标本，再与其他地方的肥螈一一比较。答案越来越明显——莽山的肥螈是一个尚未被科学界命名的新物种！我也因此拥有了给它命名的权利。考虑到其背上的黄斑，我给它取名为黄斑肥螈。回想起来，如果当时没有蒋珂的建议，我很可能不会在前往桂东的途中绕道去莽山，也就与黄斑肥螈擦肩而过了。正是这种计划之外的邂逅，才使得科研的道路上有许多意外的惊喜。

📑 齐云登顶

告别小莫后，我们准备离开莽山，前往最终目的地——桂东齐云山。等候中巴车的地方是一个小饭馆门口，没有车牌，没有时刻表，每天就这么一班车。饭馆老板告诉我们，莽山不能直达桂东，只能先去位于两者之间的汝城。我看了看时间，估计还有半个小时，便在小饭馆点了几份炒菜。十月的湖南，依然炎热不减，前几天采集的蛙们纷纷暴毙。看着它们圆鼓鼓的肚子，估计内脏已经开始腐败，必须尽快取出组织样品，放入高浓度酒精中保存。在这种三十多度的天气里，多耽搁一会儿，就多一分风险。于是我趁着老板炒菜的功夫，撅着屁股趴在水泥地上，把工具一字摆开，在其他食客怪异的表情中，开始处理标本。相比之下，以前能有一张板凳或方桌，已经算得上条件优越了。

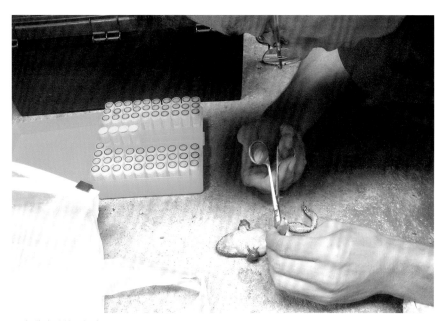

★ 争分夺秒处理标本

当老板把菜端上桌时，我手上的工作还没完成，只能胡乱塞几口，又趴到地上。我最担心的就是标本没处理完，午饭也没来得及吃，却听见中巴车的喇叭声在门外响起。我一边告诫自己，不要手忙脚乱，一边做最坏的打算。我特意从背包里抽出一件外衣，假如车来了，便把地上的工具来个卷包会。万幸，一切处理妥当之后，汽车才姗姗来迟。挤上了车，发现已经没有空座了。我们只能背着行囊，拎着标本盒，站在狭窄的过道中间，摇摇晃晃离开了莽山。

中巴车在崎岖的山路上走走停停，不断有人上车，却总是没人下车。到最后，连过道里都挤满了人。我只能拽着旁边座椅的靠背，避免在转弯时被前后夹击的人推倒。背着几十斤的背包，腿和肩由酸变麻，渐渐感觉不到它们的存在。最开始我还不断看手机，计算汽车行驶的时间。后来脑子变得混混沌沌，开始放空。幸好出发前填饱了肚子，否则又累又饿，那才是里外煎熬。站了快三个小时后，中巴车又一次停了下来。旁边一个有座的乘客居然站起身，要从过道中挤出去。我简直不敢相信自己的眼睛，本能地把手里的小包扔到空座上，向其他站着的乘客宣告了对座位的主权。张小蜂离得远，只能眼巴巴望着。我看他也站得两腿打战，内心挣扎后，一闭眼，把空座让给了他。张小蜂好歹把我的背包接了过去，解救了我的肩膀。

中巴车在黄土飞扬的小路上行驶，荒山、果园、小镇、村庄一个个迎面而来，从窗口掠过，又被抛在脑后。车子已经开了四个钟头，天近黄昏。在抵达汝城前的最后半个小时，我终于苦守来了属于自己的座位。当屁股实实在在接触到座椅时，两条腿如同过电般，才感觉回到了身上。

在汝城踏踏实实睡了一晚，我们又坐上了前往桂东县城的班车，并在途中的沙田镇下了车，转而前往东北方向的普乐乡。到了乡里，我看见路边有个摩托车修理铺，便上前询问，去齐云山怎么走。一个圆脸的修车师傅告诉我们，骑摩托车还得两个小时。如何进山成了难题。我瞧修理铺似乎今天也没啥活儿，灵光一现，抓住圆脸师傅的胳膊，问他愿不愿意带我们进山。圆脸师傅有些犹豫，我连忙抛出优厚的报酬，打消了他的顾虑。一辆摩托车还不够，他又找了个同伴，载着我和张小蜂向齐云山驶去。

在山间小道上左拐右拐之后，我们路过一户孤零零的农家，看样子是附近唯一可以歇脚的地方。我们进门打听能不能借宿。农户

★ 摩托车沿着土路蜿蜒而上

★ 站在院子里就能望见齐云山

家里只有老两口和一个五岁的小孙子，孩子的父母都外出打工去了。听明白我们的来意后，老人略显为难，但经不住我游说，最终同意了。站在院子里，身后就是高耸入云的齐云山，然而望山跑死马，走路是走不到的。我又一次与圆脸师傅商量，明早再跑一趟，把我们送上山。不知出于什么原因，他这次倒答应得很爽快。

　　这户农家的经济条件并不好，几乎可以用家徒四壁来形容。一张小方桌就是全家人吃饭的地方，橱柜铺满了灰尘，只有板凳与墙角的打谷机还显出几分新成色。最让我感慨的是泥墙正中，高悬着毛主席黑白肖像画。主席身后霞光万丈，下面的天安门上旗帜飘扬。上一次让我惊讶的堂屋画像还是武夷山詹队长家的圣母玛利亚肖像。詹队长家虽然身处深山，但世代受天主教洗礼，所以信奉圣母玛利

★ 家徒四壁

亚。而在这人迹罕至的湖南山区一隅，挂着毛主席画像，可见毛主席深受人们的爱戴。

为了尽快取得老两口的信任，我让张小蜂去和他家的小孙子打成一片。两人果然在最短时间内成为亲密无间的小伙伴，对玩具车展开了你追我赶的争夺。估计小孙子平时连个朋友都没有，现在有人陪他玩，马上就成了我们的"跟屁虫"。吃过简单的晚饭，夜幕逐渐笼罩了山林。我们坐在门槛上陪老两口聊天，直到月朗星稀。

★ 张小蜂与农户家的小孙子打成一片

第二天上午，我早早就站在院门口，翘首以盼。僻静的山路上终于传来摩托车的突突声，两个人影由远而至。圆脸师傅带来了电鱼机，并向我保证，今天肯定能捉到肥螈。我想起了猫儿山的悲剧，反复向他确认，电鱼机是否有电。告别了老两口与小孙子，两辆摩托车在山道上绝尘而去。七弯八拐之后，我们停在山腰一处简易的木排小桥旁。时近深秋，地上铺满了落叶。小桥对面有一道木栅栏，但豁口很大，猫着腰就能穿过去。圆脸师傅说，这是当地人上山放牛的小道。春夏两季把栅栏打开，秋天以后就关门了，所以现在整座山就我们四人，难怪四周格外寂静，只听到踩在落叶上发出的沙沙响声。

★ 踩着满地的落叶上山

★ 藏在花岗岩体间的水潭

　　走了一个多小时，巨大的花岗岩体之间出现一个小水潭。圆脸师傅说，电鱼机太重了，不如把它暂时留在水潭旁边，反正山上没人，也不怕人偷，咱们到了山顶后再回来取。我越听越糊涂，不知道他葫芦里卖的什么药。咱们是来找肥螈的，干吗要去山顶？不过看圆脸师傅对齐云山的熟悉程度，我也只能选择相信他。越往高处走，植被越低矮，落叶乔木逐渐退化为灌木林，再到茅草丛，远处低一些的小山头也因雾气而逐渐朦胧起来。这种环境里，显然没有小溪的踪影，更不会有肥螈了。我的疑惑变成了焦躁，于是问圆脸师傅为啥带我们来这里。他讪讪地笑着说："既然来了齐云山，肯定得爬一爬山啊，咱们先去看看山顶什么样，下山的时候再捉肥螈也不迟。"我差点儿没一口血吐出来，原来他今天是奔着旅游观光来的，难怪刚才把电鱼机留在了水潭边。

★ 靠近山顶的地方，森林已经过渡成了草地

　　我问他山顶还有多远，他说很近，20分钟就到了。然而半个小时后我再问他，还是说20分钟。我们一直在茅草丛中步行，身后已是茫茫云海。齐云山果然名副其实，与云相齐。我后背全是汗，真想一屁股坐在地上不起来了，而圆脸师傅如同打了鸡血，脸不红，气不喘，潇洒如风。他身着一身旧西装，脚蹬回力胶鞋，捡了根竹竿做手杖，不仅一直在前头带路，碰到大石

★ 圆脸师傅意气风发

头还要翻身上去留影，可谓"竹杖芒鞋轻胜马"。我机械地跟在他们三人后面，一抬头，霍然看见齐云山的主峰在云层中显露出来。

　　回首身后，刚才的山脊小道已经变成一条弯弯曲曲的细线，山峰远处都是缥缈的云海。如果不是有任务压在心上，让我心神不定，我还是很愿意欣赏这难得一见的美景的。顶峰立有一块石碑，上书"齐云山"三个大字。我正靠着石碑喘气，圆脸师傅又玩出了新花样。

★ 齐云山顶就在眼前

他抖抖索索地从兜里掏出一团红布。前一秒我还在纳闷这是什么玩意儿，下一秒他已经潇洒地迎风一抖手——居然是面红旗！上面写着"齐云山 海拔 2061.3 米"。 摩托车修理铺的圆脸师傅是怀揣着一颗登山运动员的心吗？昨天才说好爬齐云山，真想不到他哪有时间搞了这么一面红旗。圆脸师傅非要我们四人拉着旗子合影，没有言语能够形容我当时的心情。

★ 登顶成功

★ 齐云山的云海

圆脸师傅过足了瘾，终于领着众人下山回到了藏电鱼机的水潭边。是骡子是马，该出来遛遛了。他用柴刀砍了一根木棍，作为渔网的把手，接着开始组装电鱼机。他把正负两极轻轻碰了一下，立刻刺啦刺啦冒火星，说明机器工作正常。电极伸进水里，我的心也提了起来。只听见扑通一声，原来岸边藏了一只花臭蛙，受惊之后从石缝中跳了出来，还没游两下，就四肢绷直开始颤抖。不过它只是被电晕了，休息一会儿，就会苏醒过来。就在这

★ 终于开始搜寻肥螈

时，水底的石缝中猛地窜出一个细长的身影，如同溪鱼一般。它只向前游了大半米，速度就慢了下来。我这下看清楚了，果然是肥螈！而且是弓斑肥螈。

乍一看，这条弓斑肥螈全身棕褐色，布满黑色圆点，难怪以前的学者一直把它误认为黑斑肥螈。然而仔细观察后，我发现弓斑肥螈的头部呈长方形，而普通的黑斑肥螈的头部呈椭圆形。可别小看这表面上的细微差别，本质原因是内部骨骼的改变。在弓斑肥螈的舌骨后端，几块骨骼都变得又粗又长，硬是把脑袋撑成了长方形。其实人类也有简化的舌骨，位于颈部偏上的位置，是口腔底部和舌头的肌肉的附着支点。有尾类动物中，强壮的舌骨往往意味着非凡的捕食能力——要么能向变色龙那样，把舌头弹射出去粘住猎物，要么能瞬间张开大口，扩大口腔体积以生成负压，把食物嗖地吸到嘴里。弓斑肥螈显然把后一种方式演化到了极致。一旦了解了骨骼上的区别，就很容易从外形上分辨弓斑肥螈与黑斑肥螈。另外，我对弓斑肥螈的黑斑持有怀疑态度。虽然它的名字

里强调了黑斑，但可以大胆猜测，很可能存在没有黑斑的种群。后来在广东始兴，我的猜测果然被证实了。

　　既然捉到了第一条，水潭的石缝中就可能还藏着更多的肥螈。然而出乎我的意料，圆脸师傅把犄角旮旯都扫荡遍了，却一点儿动静都没有。顺着长满青苔的石壁往高处看，顶端有淅淅沥沥的流水。绕道爬上了石壁，我们才发现一条隐蔽的小溪从巨石间穿过，汇入

★ 弓斑肥螈露出真面目

水潭。圆脸师傅把电极放入小溪中，四处戳戳点点。岩石之间的缝隙中，一个棕色的身影忽然从水底窜了上来。还没等我看清楚，它又扭身掉头消失在了石缝中。由于空间太狭窄，渔网周转不开。我灵机一动，叫来圆脸师傅的朋友，让他撸起袖子趴地上，等肥螈一旦露头，立马用手捞。

弓斑肥螈被电流逼得无处可逃，再次扭曲着窜出石缝。圆脸师傅急忙断开电源，一双遒劲有力的大手哗地插入水中，捏住了它的尾巴。弓斑肥螈清醒过来，拼命往水底钻。它依靠身上的黏液，竟然从大手的指缝中滑了出去。趴在地上的师傅又猛地一沉肩膀，直到水没过了上臂，才再次牢牢掐住了弓斑肥螈。他手一扬，把它甩到了岸边的石头上。弓斑肥螈这下如同上岸的鱼，没有了水里的十八般能耐，只能束手就擒。两位师傅配合默契，又捉到了第三条弓斑肥螈。不过我们的好运气也就到此为止了。圆脸师傅讲，以前这种东西很多，去年他们还捉到三十几条，今年不知什么原因，少了许多。

下山途中，我居然接到了广西金秀龚大爷的电话，他说在工棚旁捉到几条肥螈，问我要不要去拿。我掏出地图一比画，发现金秀离桂东并不算远，干脆明天就去广西，省得回成都后再跑一趟。回到乡里时，天色已晚，圆脸师傅便热情地留我们在他家过夜。与很多传统小商铺一样，修车铺前面营业，后面就是圆脸师傅的家。闲聊中，我好奇地问他，去年为什么要捉肥螈？他笑笑说："捉来泡药酒。"

圆脸师傅从里屋抱出一个巨大的玻璃坛子，黑黢黢的药酒中有十几具干瘪的尸体，扭曲着缠在一起。虽然高浓度的白酒已经吸干了动物体内的水分，令其面目全非，但船桨一样的尾巴还是让我立

★ 酒坛中的肥螈，已经面目全非

马认出这就是肥螈。圆脸师傅见我围着玻璃坛打转，显得兴趣浓厚，以为找到了知音，便滔滔不绝地讲起这独门药酒的功效，说它既祛风湿，又能壮阳。我其实满脑子想的是怎么诓他几条肥螈。谁让他上午诓我登顶呢，现在也算扯平了。我装作漫不经心地问他，既然功效这么好，那能不能送我两条，我拿回去接着泡酒。圆脸师傅开始舍不得，经不住我软磨硬泡，只好答应了。他找来一双长筷子，在坛子里鼓捣了半天，终于夹出两条，放在桌上。其中一条肥螈个头很大，差不多有 20 厘米长，活着的时候肯定更大，可惜不明不白死在了酒里。这两个标本虽然像干柴一样，但骨骼却是完整的，后来被我做成骨骼标本，为我提供了比较骨骼学的数据，功不可没。而它们的同伴可能现在还泡在玻璃酒坛里，等着"有效成分"慢慢溶出。

入夜后，整个普乐乡都陷入睡梦中。圆脸师傅在交代了如何洗澡以及茅厕的方位后，也钻回了自己的小窝。张小蜂已在篾席上睡着了。虽然疲惫不堪，我的工作还没有结束。在烛光的陪伴下，我佝偻着背，坐在小板凳上，一个人安静地处理标本。

⬚ 再探金秀

　　我们一路西行，从湖南来到了广西桂林。由于龚大爷已经捉到了肥螈，所以不用急急忙忙赶路。去金秀之前，一个桂林的朋友答应带我们去逛逛当地有名的西门菜市。朋友叫白刚，山东人，热情好客，大家很快熟络起来。

　　进了西门菜市，一片闹哄哄的景象。地面到处都是湿漉漉的，随处可见污迹乃至血迹。摊贩与市民在讨价还价，大菜刀在案板上更是剁得咚咚直响。吆喝声、呼喊声，人声鼎沸。旁边有几个人正卖力地肢解金环胡蜂的蜂巢。金环胡蜂也叫虎头蜂，是世界上体型最大的胡蜂，体长接近 5 厘米，国内很多地方都有分布。金环胡蜂为肉食性昆虫，甚至会捕食蜜蜂，它强壮的大颚一口就能咬掉蜜蜂的脑袋。有传言说，一窝有 3 万只工蜂的蜂巢，如果受到 30 只金环

★ 摊贩正卖力地拆金环胡蜂的蜂巢

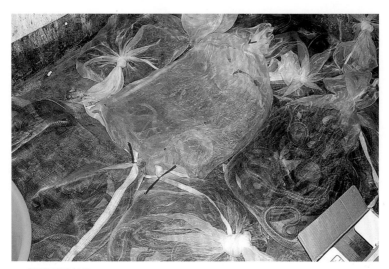

★ 成捆的野生蛇类

胡蜂的袭击，几个小时内就会全军覆灭。金环胡蜂自己的蜂巢修建在地下，如果有动物不小心踩到，甚至可能会丢掉性命。然而金环胡蜂再凶猛，也敌不过人类的胃口。它们的蜂巢被人连锅端起，成虫用来泡酒，幼虫和蜂蛹则成为下酒菜。即便它有超过 5 毫米的螫刺，在不锈钢镊子面前也无济于事。

在市场转了一圈，我没有见到肥螈，不知道应该开心还是失望。走出大棚，我们来到卖蛇的铺面。小房间的水泥地上摆满了大大小小的尼龙口袋，种类五花八门，还有张小蜂最感兴趣的尖吻蝮，也就是俗称的"五步蛇"，尖吻蝮是国内除莽山原矛头蝮以外另一种大型蝮蛇，体长虽然短于后者，但体重却不相上下。它背面以棕褐色为底色，配有三角形的浅灰色花纹，两两相对，顶角交于背脊。尖吻蝮性格暴躁，常常主动攻击人。它毒牙很长，排毒量也大，人被咬后如不及时就医，就会有生命危险。至于五步之内必倒，则属于以讹传讹了，毕竟蛇毒通过血液在体内扩散需要一定时间。张小蜂精挑细选了五条花纹鲜艳的小蛇，准备作为宠物拿回家饲养。张小蜂要把蛇袋放在床脚，我表示强烈反对。不等他争辩，我拎起蛇袋就扔进了垃圾桶，再把垃圾桶反锁在厕所里，这才稍稍安心。

在桂林休整后，我们经过柳州，再次来到金秀。这是我野外工作开始的地方，总有特别的情感。虽然上次只在县城里待了几天，却感觉对周围的街道已经非常熟悉。

★ 尖吻蝮并不能让人五步之内必倒

★ 很多食客对金环胡蜂情有独钟

吃午饭时，两个女服务员蹲在厨房门口，像是在摘什么东西。我凑近一看，原来又是金环胡蜂。整个蜂巢已经在大锅里蒸了一遍，服务员正把蒸熟的幼虫和蜂蛹从蜂室中摘出来，足足装了两簸箕。蜂蛹已经完全具备了成虫的外形，只是六条腿都蜷缩起来，如同睡着了一样。有些蜂蛹即将羽化，已经发育出黑黄相间的体色，而初期的蜂蛹还保持着幼虫的乳白色。见我好奇，服务员递给我一只尝尝，吃到嘴里只是毫无味道的一泡水。我实在想不通那些食客为什么会花钱吃这些东西。

★ 蒸熟的金环胡峰蛹

★ 跟我"打招呼"的无斑肥螈

　　沿着记忆中的路线，我们来到城南的瑶族瓦房群落，龚大爷已在门口等候多时了。虽然一年未见，龚大爷身体依然硬朗。他从厨房里拿出来一个塞满苔藓的饮料瓶。我透过瓶身仔细一看，里面果然趴着几条圆滚滚的无斑肥螈。去年遍寻不着，今年得来全不费功夫！回到旅馆，我迫不及待地把肥螈从瓶子里掏了出来，都是肥硕的成体。从外形上看，它们与湖南的种群最接近，全身呈巧克力色，背面没有花纹。我捉起其中一条，试图给它的腹面花纹拍照。肥螈在我手中扭来扭去，一双小手如同在振臂高呼——快放我下来！

★ 寄生的蛇菰科植物　　　★ 蛇菰的雄花序

　　为了进一步了解肥螈的生活环境，第二天我和张小蜂又去爬大瑶山。我远远就看见了山脚下熟悉的水文站，门口浅浅的溪流中依然有十来只鸭子，去年的情景仿佛就在眼前。由于这趟的目的只是记录，不用采集，更不需要登顶，所以一路闲情雅致，游山玩水。在路边的泥土里，我发现一株奇怪的植物，外形类似真菌，没有绿色的叶子，只在孤零零的茎上长出一个花序，看样子应该属于蛇菰科。蛇菰科都是纯寄生植物，利用自己的根茎吸取寄主的营养，最后从土壤中冒出来，开花结果。眼前这棵圆棒状的是雌花序，上面密密麻麻布满了微小的雌花。几米开外，我们又看到一棵，模样却大相径庭，变得又细又长，像根狼牙棒，其实这是蛇菰的雄花序。花序下半截的雄花已经全部开放，白色圆斑是位于每朵花中心的雄蕊，而上半截的红色疙瘩则是尚未打开的雄花。中医里蛇菰能入药，据说有清热解毒、凉血止血的功效。走到山腰时，一棵无花果树吸引了我们的注意。树上挂满了红红绿绿的果子，虽只有鸽子蛋大小，比不上超市里的好看，但经过自然成熟而累积的糖分却远远超过后者。挑了几颗红透的，咬一口，露出白色的果肉与红色的瓤，汁水顺着手指就流了下来。

不知不觉，我们已经走到龚大爷的工棚附近。上次来的时候是黄昏，加上头天刚下过雨，四周又阴暗又潮湿。而此刻阳光正透过郁郁葱葱的树梢，撒在溪谷中，把小溪里的石头都照成了金黄色。细微的潺潺流水，在浅浅的水洼中荡起朵朵涟漪。一棵早已被青苔

★ 野生无花果

覆盖的倒木上长出好多乳白色的蘑菇，翠绿的螽斯正在宽大的叶子上休憩。与夏季洪水奔腾的场景截然相反，现在是秋季独有的安静与祥和。时间仿佛也静止了。我背靠溪边的大石，在笔记本上记录着肥螈的生活环境，张小蜂则趴在

★ 秋日私语

★ 寻找最佳拍摄角度

石头上寻找最佳的拍照角度。

做完了记录，我随意翻动水底的石块，忽然发现几条黑白相间的小鱼，正附着在石块上，嘴巴一吮一吮的，似乎在啃食藻类。它们只有两三厘米长，黑白分明，非常漂亮。不同于溪流里那些窜来窜去的小鱼，它们

★ 手心里的厚唇瑶山鳅幼体

显得性情温顺，偶尔厌倦了某块石头，小尾巴稍微一摆，又落到另一块石头上，继续啃食。我把双手伸进溪里，慢慢掬起一捧清水，小鱼便躺在我的掌心里了。它的胸鳍与臀鳍特别发达，平平展展地在身体两侧支开。从上往下看，如同长了四肢。宽大的鱼鳍应该是为了更好地吸附在岩石上，防止被流水冲走。仔细观察之后，我把小鱼轻轻地放回到水中。它也没有受到惊吓，继续留在脚边的石头上觅食。

★ 觅食中的厚唇瑶山鳅幼体

　　张小蜂在深水处的石缝中发现了一条体型大得多的家伙，应该就是长大后的黑白小鱼。不过它的颜色已经不像小时候那么泾渭分明，黑色与白色开始互相渗透，原本黑色的鱼鳍也变成了透明色。后来和白刚聊起大瑶山的见闻，他一拍大腿，说这可不是普通的小鱼呐！它是大瑶山的特产，因为体色特殊，鱼类爱好者们又称其为"熊猫鱼"。它隶属于平鳍鳅科，学名叫厚唇瑶山鳅，据说只生活在大瑶山的小溪中。由于分布区域狭窄，厚唇瑶山鳅已经被列入《中国濒危动物红皮书》与《中国物种

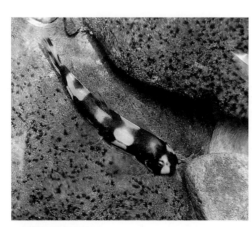

★ 厚唇瑶山鳅成体

红色名录》，并且在最新的《国家重点保护野生动物名录》中提升为二级保护野生动物。没想到我们邂逅的居然是一种珍稀鱼类。

走下山来，我们站在土路边，四下望了望，除了偶尔经过的大货车，扬起一阵尘土，四周都望不见三轮车的踪影，于是只好和去年一样，两条腿走回县城。不过与上次不同，今天不用着急赶夜路，可以沿途欣赏风景，顺便搜寻各种小动物的蛛丝马迹。在某条支流里，有村民手持两根长竹竿，站在没及小腿的水中。看那架势，就知道在电鱼。尽管电鱼在农村与山区是非常普遍的现象，甚至野外考察

★ 村民在溪流里电鱼

有时也需要借助电鱼机的帮忙，但就内心而言，我是反对在溪流中使用这种捕鱼方式的。溪流由于水量很少，是非常脆弱的生态系统，可能一洼水就是某种鱼类或水生动物（比如厚唇瑶山鳅）的全部世界。如今人类活动日益增多，垃圾与农药都可能给生活在溪流中或附近的动物带来负面影响。如果再加上电鱼，那更是灭顶之灾。

我们继续沿着河边走，发现一条刚被打死的原矛头蝮，与两个月前在湘西碰到的那条原矛头蝮的死法如出一辙。它可能只是在水边捕食，说不定碰上了电鱼的村民，便稀里糊涂送了命。这再次印证了扩张中的人类活动，正给野生动物的生存带来威胁。在村民与毒蛇的冲突中，怎么样才能让村民放其一条生路，是行政与教育急需解决的问题。快到县城的时候，河水的流速放缓，摇

★ 被打死的原矛头蝮

★ 无毒的乌华游蛇

曳的水草也多了起来，忽然有细长的黄色身影从水面窜过。我们定睛一看，原来是条半米长的乌华游蛇。相比偶尔来水边的原矛头蝮，乌华游蛇更是以溪流或水田为家，专门捕食鱼类、蛙类和蝌蚪。如果水里的鱼被电没了，这种华南常见的蛇类可能也会跟着倒霉。

　　回到县城，就要告别金秀了。大瑶山，无斑肥螈的模式产地，我的野外工作的起点。去年在这里连肥螈的影子都没看见，让我切身体会到野外工作的困难与不确定性。时隔一年，我已经积累了许多经验，不再是那个初出茅庐、还穿着防水登山鞋的毛头小子，而大瑶山依然山清水秀，是我心中永远的秘境。今此一别，不知何年能再游。

南越藏图

　　回到美国后，我一边上课，一边做实验，每天在学校与公寓之间两点一线，终于完成了第一篇讨论肥螈演化关系的论文。把手稿交给导师修改时，我满以为能得到他的称赞，然而几天后拿回稿子一看，整篇都是醒目的红字，修改意见写得密密麻麻，让我心碎了一地。跌跌撞撞修改了几轮之后，文章总算投了出去。在等待审稿的煎熬中，有两张图引起了我的注意。

　　第一张是驴友拍的照片，他们在广东信宜的白马坪露营时，发现溪流中有种长相奇特的"四脚鱼"。虽然有人指出这是中国瘰螈，但我却不认同。中国瘰螈分布于浙江省，离广东西部的信宜隔着十万八千里。而且广东唯一已知的瘰螈——香港瘰螈，只生活在香港附近，与信宜也有几百公里的距离。我总觉得之前在哪儿听过粤西有瘰螈，但模模糊糊想不起来。直到有一天，我一拍大腿，记起在浙江九龙山与村民洗花生的时候，曾去广东打工的村民提到过这回事。村民的回忆与驴友日记中的图片相互佐证，如同拨云见日，一条线索展现在我面前——粤西山区中分布着一个从未被记录过的瘰螈种群，会不会是尚未发现的新物种？

　　第二张则是挂在办公室墙上的中国地形地图。某天午后，我有些犯困，不知不觉盯着墙上的地形图发呆。在肥螈的进化历程中，我早就发现了一个有趣的现象，即不同肥螈物种之间的分布范围几乎没有重叠。例如，黑斑肥螈生活在武夷山系，而新近发表的弓斑肥螈则独占罗霄山系，两者井水不犯河水。我呆滞的目光顺着武夷、罗霄两座山系一直往南，落在了二者的交汇处——广东北部。那里有个小县城，名叫始兴。县城位于狭窄的山谷之中，城北为罗霄山余脉，城南为武夷山余脉，相距不过 10 公里。混沌的瞬间，我脑子里划过一道闪电——物种之间的屏障莫非就在这小小的始兴县？会不会城北是弓斑肥螈，城南是黑斑肥螈？

　　两张图，两个猜测，都指向广东。学校刚放暑假，我就迫不及待赶回国，拉上蒋珂，按图索螈。说到广东，我的第一印象是历史课本上的南越国，现在广州还有南越王墓博物馆。秦朝灭亡时，南海郡尉赵佗起兵，兼并周围几个郡县，建立了南越国，主要势力在广东及周边，定都城于番禺，即当今广州。不过好景不长，南越国只持续了 92 年，就被汉武帝灭掉了。南越地处热带，原始森林茂密，百兽穿越其中，总让我联想到湿热、瘴气与毒虫，说不定那里也藏着未知的蝾螈。

　　从白云机场出来，我与蒋珂直奔长途汽车站。信宜市的白马坪属于粤西的云雾山，由于白马坪交通不便，我们把目标锁定在附近的罗定市龙湾镇，两地直线距离只有约 30 公里。顺着地形图，我们寻到一个位于山上的村子。两人分头行动，走访村民，向他们询问是否见过驴友照片上的"四脚鱼"。当我正和一户村民套近乎的时候，蒋珂火急火燎地跑了进来，给我使个眼色，让我马上跟他走。刚跨出院门，蒋珂就无法抑制内心的兴奋，回过头低声说："找到了！"我急忙追问："是瘰螈吗？"他使劲点点头。我的心也跟着飞了起来。两人一路小跑，我想要再问他些具体情况，蒋珂反倒笑

★ 云雾山中神秘的瘰螈

　　而不语了。他故意卖个关子，让我自己去看。

　　来到一户村民家的堂屋，远远就瞧见地上有个大塑料盆。我只觉得嗓子眼发干，心脏怦怦直跳。走进一看，盆里趴着个东西，正是瘰螈！它全长约20厘米，头部宽大扁平，躯干不像肥螈那样浑圆，而是略成长方体状。瘰螈四肢比肥螈长得多，在陆地上爬行时没有那么笨拙。它背面呈红褐色，布满疙瘩，也就是瘰粒，又宽又扁的尾巴中间有一条灰白色的条纹。这些特征与中国瘰螈相差甚远，也不像香港瘰螈。直觉告诉我，眼前的瘰螈很可能是一个尚未命名的新物种！与新物种面对面的瞬间，是很多分类学家一辈子最激动的时刻。

　　当我心潮翻涌的时候，估计村民也在纳闷——为什么这两个年轻人蹲在地上紧盯着"四脚鱼"？其实我一直躲着村民疑惑的眼神，避免过于喜形于色。我向他解释，我们就是好奇而已，城里人嘛，没见过稀奇。"这是什么东西？""不认识啊，长得好奇怪。""会有毒吗？""看起来像蜥蜴，红红的说不定有毒。"我和蒋珂一唱一和，揣着明白装糊涂，怕的就是村民意识到这东西不寻常，坐地起价，甚至不愿意卖给我们。为了不表现出过度的热情，我甚至连相机都忍住没掏出来，直到当天晚上才悄悄照了相。

花 20 块钱成功把瘰螈买下后，我问村民这种"四脚鱼"哪儿能捉到，我们还想捉几条来玩。村民没料到居然有人愿意掏钱，立马打电话把朋友叫了过来，眼前这条瘰螈就是那人从山上的溪流里钓到的。村民说今天天色不早了，只有大清早上山才能钓到。于是我们决定晚上在村里留宿，明早上山钓瘰螈。

五月的广东已是初夏。傍晚，我们几人坐在门口打着扇子，消食乘凉。面前是一片绿油油的早稻田，田里泽蛙与姬蛙短促的求偶声此起彼伏。天色尚未全黑，淡蓝色的夜幕从山上渐渐浸染到山下的村庄。微亮的星光似乎难以穿透这层柔缎，显得若隐若现。村民感叹说，如今山上的野生动物越来越少，即使在 20 世纪 80 年代，小溪里还有很多乌龟，运气好的话一晚上可以捉几十个，能装满满一箩筐。而到了现在，能碰到一只龟就不错了。究其原因，还是吃野味的风气越刮越烈，什么活物都难逃一劫。以前是村里自己吃，现在有专门的贩子上门收购，送到全国各地老饕们的餐桌上。我不禁回想起去年在桂林西门菜市的所见所闻，唏嘘不已。

清晨，草色上还挂着露珠，钓瘰螈的村民已如约而至。我看他似乎什么工具也没带，便好奇地问他到底是怎么个钓法。村民从兜里掏出红色的塑料袋，打开一看，里面只有一卷普通的鱼线和几条肥大的蚯蚓，每条都像筷子一般粗细。在他的带领下，我们很快就在密林中找到溪流。由于瘰螈通常生活在小溪的中下游，所以今天不用到海拔特别高的地方。我们在一处阶梯式的水潭边停下脚步。每一级水潭深浅差别很大，有的只有几十厘米，有的水深至少三米以上，这儿就是钓"四脚鱼"的地方。

村民并不急于把蚯蚓扔到水潭中，而是从岩石边扯了一把干枯的茅草，折成几节，掏出打火机烧了起来。他得意地表示，这是自己的独门妙招。他从塑

★ 瘰螈生活的水潭

★ 村民把蚯蚓烤熟作为诱饵

料袋里捡出一条蚯蚓，熟练地在火上翻烤起来。据他说，把蚯蚓烤
熟后，蚯蚓肉的香味更能吸引"四脚鱼"，它们在水里闻到后就会
游过来。蚯蚓在火堆上滋滋作响，冒着白烟，果真逐渐散发出烤肉
的香味。高温炙烤过后的蚯蚓显得外焦里嫩，余温尚存，便被村民

★ 村民开始钓瘰螈

★ 蒋珂捉到一条华游蛇

拴在鱼线的一端，扔进了水潭。没有鱼竿，没有浮漂，全凭手感。好在潭水清澈见底，如果有瘰螈来吃蚯蚓，我们站在岸边也能看到。据说"四脚鱼"咬住蚯蚓后就不会松口，可以直接把它从水里拉出来。村民偶尔扯动一下手中的鱼线，水底的蚯蚓也跟着抖动几下。我也依葫芦画瓢，找了个水浅的地方，趴在岩石上开始钓瘰螈。

干巴巴等了半个小时，瘰螈却不现身，我开始有些焦急。蒋珂在周围溜达，捉到一条幼年的华游蛇，正在他手中龇牙咧嘴。我刚想说他"不务正业"，应该和我们一起钓瘰螈，突然瞥见下一级水潭的水底有个橘黄色的身影。由于溪水不停跌落，水波荡漾，那个身影如同在哈哈镜中一般，飘忽不定。然而凭着我对各种蝾螈的熟悉程度，想都不用想，这就是瘰螈！

　　我拉上蒋珂，呼喊村民赶过来。村民手一扬，把蚯蚓准确地抛到了瘰螈身边。几秒钟后，瘰螈有了反应。它慢慢转过头，似乎在分析水中的香味来自何处，接着锁定方位，开始向蚯蚓爬过去。只见它头部一抖，小半截蚯蚓就被吸入口中。村民眼疾手快，猛地甩起胳膊，瘰螈像被一只无形的手提了起来。谁知它刚出水面，竟然松了口，在惊呼声中又啪地掉回到水潭中，急得我抓耳挠腮。然而瘰螈落水后居然没有游走，仍然趴在原地，似乎没弄明白刚才发生了什么。村民连忙再次把蚯蚓投到它身边，希望它不计前嫌，再给我们一次机

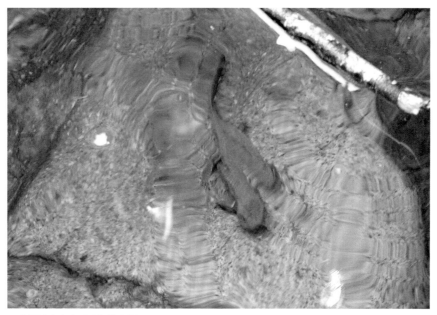

★ 荡漾的水中出现瘰螈的身影

会。有人说，鱼的记忆只有七秒，这条瘰螈的记忆显然不比鱼类长多少。它没有丝毫犹豫，又张口咬住了蚯蚓。村民这次看准时机，让瘰螈从水中一跃而出，沿着抛物线的轨迹，落在了岸边的岩石上。

花岗岩中间有处浅浅的积水，我把不断挣扎的瘰螈放在积水中，让它安定下来，也方便自己观察。昨天那条瘰螈是成年雄性，眼前的是条漂亮的雌性。相比而言，雌性体型偏小，尾巴更为细长，全身的瘰粒也没有雄性那么发达，更多的是由背面延伸至腹面的皱褶。有了这条瘰螈保底，我又恢复了信心，继续坐钓。然而运气似乎被刚才的失而复得给耗光了，水潭中再也没有瘰螈出现。时间已经到了中午，村民说下午气温高，瘰螈更不会出来活动，只能下山。

下山途中，我们骑着摩托车路过一排水泥房，突然看到墙上用白漆刷着几个大字——"野生娃娃鱼"，有个箭头指向屋后。这年头，野生大鲵怎么可能公开出售，难道是拿瘰螈冒充大鲵？职业的敏感让我与蒋珂立马跳下摩托车，上前询问在门口休息的几个工人。他们听说有人要买"娃娃鱼"，连忙高兴地

★ 瘰螈被有惊无险地钓上来

带我们来到阴暗的屋后。墙角有个四四方方的玻璃鱼缸，玻璃外壁浸出水珠，泉水顺着上方的竹节滴滴答答落入鱼缸。然而我不仅感受不到凉意，反而热血偾张。鱼缸里，棕色或黑色的躯干、四肢、尾巴纠缠在一起，数不清有多少条瘰螈！幸福来得就是这么突然。我哆嗦着手，往口袋里装瘰螈，恨不得把整个鱼缸都买下来。回到美国后，我快马加鞭进行 DNA 与形态学分析，证实了自己的猜想，这些瘰螈果然是首次被发现的新物种。我后来以它们生活的云雾山为名，将其命名为云雾瘰螈（*Paramesotriton yunwuensis*）。

既然驴友照片上的瘰螈已经水落石出，我和蒋珂便赶回广州，转而北上，去探寻地形图上的秘密。途径"粤北名郡"韶关市之后，我们一路西行，来到了始兴县。城南与城北的山区都是考察对象，我们首先选择了县城正南方向的车八岭自然保护区。这里地处南岭山脉腹地，也是武夷山脉的最南端。如此复杂的地形，自然孕育出极其丰富的生物多样性。蒋珂开玩笑说，车八岭是国内唯一可能还有华南虎的地方，我们上山时得多加小心。说话间，我果真在路旁看到一块警示牌，说附近有老虎出没。虽然我知道华南虎在野外已经绝迹，但警示牌上的老虎画像依然虎威犹存。身边冷不丁有个风吹草动，还真能吓人一跳。

在保护区肖主任的带领下，我们来到局长办公室。饶局长见我俩态度诚恳，允许我们留在保护区采集肥螈，一日三餐去职工食堂打饭，晚上则在接待游客的宾馆过夜。由于现在不是旅游季节，所以宾馆空无一人。到了晚上，整栋楼黢黑一片。空空荡荡的大厅拢音效果特别好，我们的脚步声显得格外清晰。打着电筒上了二楼，找到墙上的电灯开关，整栋楼才算有了一点儿亮光。相比之下，百米外的职工宿舍就显得灯火辉煌。

就在这时，昏暗的楼道里突然扑过来一阵黑影，在头顶呼呼生风。我毫无思想准备，吓得头皮都麻了。还好理智随即重新占领高地，让我在惊恐之余看清这不过是一只体型稍大的鸟而已。恐惧的心情下去了，好奇心就开始占上风。

★ 这只紫啸鸫吓了我们一跳

我以最快的速度组装好折叠抄网，劈头盖脸就朝着楼道里的黑影扣下去。这鸟身手极佳，我们在狭窄的楼道里左扑右摁，屡屡扑空。直到把它逼到楼道尽头，才将其兜住。拿回房间一看，原来是一只非常漂亮的紫啸鸫。它全身深蓝色，羽毛上有淡紫色与白色的斑点。这种鸟广泛分布于华北以南的山区，经常在溪流或湿地附近寻觅小蛇、螃蟹、水果和昆虫作为食物。它误打误撞飞进了空闲的宾馆，在楼道中拼命寻找出路，结果反而把我们吓得够呛。手中的紫啸鸫彻底安静下来后，我们便把它放生了。

　　第二天上午，我们在保护区工作人员的带领下，翻山越岭，来到适宜肥螈生活的小溪。然而翻了一阵石头，什么也没找到。我们只好记录下周围的自然环境与 GPS 坐标，回管理局后再商量对策。

回程途中，我差点儿踩到一只黑框蟾蜍。在我童年记忆中，蟾蜍只有一个模样，就是大腹便便的中华蟾蜍。相比之下，这只黑框蟾蜍没有松弛的大肚子，显得精干许多。眼眶周围的黑色骨质棱像给它带了副框架眼镜，让它的大眼睛更加有神。我本以为黑框蟾蜍并不常见，后来回到广州住了几天，才发现小区的绿化带里全是这家伙，华灯初上时便聚集到路灯下吞吃昆虫。

★ 在溪谷中记录 GPS 坐标

★ 黑框蟾蜍

★ 长着夸张大颚的巨齿蛉

　　第二天我们换了条线路，再次上山寻找肥螈。跑了一整天，依然连肥螈的影子都没见到。肖主任向饶局长汇报情况，饶局长打了个电话，让附近的村民帮忙。这对我无疑是天大的好消息，毕竟当地人最熟悉情况。回到宾馆后，我惊奇地发现房间里有许多昆虫，原来是早上出门时忘了关灯关窗户，结果各式各样的虫子都趋光而至。有不少正围着灯泡飞，飞累了就落在床铺上、地板上。我第一眼就看到了一个大家伙——雄性巨齿蛉。它属于广翅目的齿蛉科，最为突出的特点就是那对巨齿獠牙一般的大颚，让人心生畏惧。然而事实上巨齿蛉头部的肌肉并不十分发达，再加上力矩的作用，大颚越长，传到末端的力量就越弱，所以其咬合力并没有它的外观那么可怕。反而是巨齿蛉的幼虫，也是南方很多地方都熟知的"爬沙虫"，大颚又粗又短，咬起人来非见血不可。我以前也偶尔见到巨齿蛉，但要么缺胳膊少腿，要么已是地上的干尸。像这样全须全尾的，我还是头回碰到。

由于说不准村民什么时候能捉到肥螈，我决定继续留在车八岭，而蒋珂则前往下一个采集地点——县城北面的观音崇，也就是罗霄山脉的最南端。第二天上午，忽然咚咚咚有人敲门。我一跃而起，开门就见到肖主任，旁边还站着一个中年人，胳膊上夹着摩托车头盔，另一只手拎着红色的塑料袋。我的心怦怦直跳，连忙把他们让进屋。中年人把塑料袋平摊在地上，里面果然有九条肥螈。它们体色偏暗，接近棕黑色，但细看之下，依然能分辨出背上的黑色小圆点。其中几条雄性宽大的尾部末端还有灰白色的圆斑。它们会是我猜测的黑斑肥螈吗？

下午蒋珂那边传来消息，说在去观音崇的途中，正好遇到一个山里的老大爷出门赶集。两人一聊挺投缘，老大爷便答应回家后帮我们找肥螈。晚上蒋珂果然接到了老大爷的电话，说他捉到一条肥螈。由于没有直达的班车，蒋珂一路折腾，第二天才风尘仆仆把肥螈带了回来。我在县城汽车站接到他，只见他兴奋之情溢于言表，如同我们第一次见到云雾瘰螈时的样子。我急忙扒开折叠鱼篓的盖子往

★ 观音崇长相奇特的肥螈

里瞅，有一条外形古怪的肥螈正安静地趴在水里。

研究肥螈这几年，我见过上千条活体或标本，心中早已形成一个肥螈的固定形象。而这条来自观音崇的家伙却打破了这个形象——它的头部实在太宽了，显得脸特别短。通常情况下，肥螈的眼睛位于头部两侧，而这条肥螈的小眼睛几乎直接长在了脸的正前方，以至于当它闭上眼睛时，就如同人在扮鬼脸。相比其他种类，弓斑肥螈的脑袋是最宽的，然而眼前这条全身无斑，又不符合弓斑肥螈有黑斑的描述。它的身份到底是什么？

根据山脉走势，我之前预测城南车八岭的种群应该是黑斑肥螈，城北观音崇则是弓斑肥螈。回到美国后，我心急火燎地做实验，每日加班加点，感觉像在打开礼物外的层层包装。当电脑屏幕上最终跳出结果的那一刻，我激动得一巴掌拍在桌上——我猜对了！果然车八岭是黑斑肥螈，观音崇是弓斑肥螈，而且弓斑肥螈中的确存在没有黑斑的个体。

武夷山脉与罗霄山脉绵延不绝，总面积超过十万平方公里，相比之下，始兴县只能算沧海一粟。然而这芝麻点大的地方，竟然是黑斑肥螈与弓斑肥螈的分水岭，两个物种保持了隔离状态达数百万年。进一步讲，这里会不会也是其他生活习性类似的动植物的分水岭？没想到在粤北山区中，居然隐藏着进化历史的秘密。而发现秘密的契机，竟然源于几个月前对着地形图的发呆。由混沌中产生大胆猜测，再通过实验证明，就如同在科学的世界里，亲手打开一扇未知的大门。

两张图的秘密都已解开，我们决定胜利班师。途中路过惠州，附近有个南昆山，据中山大学教授张鹏说曾在当地人手里买到两条肥螈，于是我们便顺道去瞧瞧。一路上阴雨纷纷，我也昏昏欲睡。终于到了南昆山脚下的小镇，雨后的空气中散发出负氧离子的清新。蒋珂捉到一条中国小头蛇。它全身灰褐色，颈部有块箭形斑纹，背部有约等间距的黑色横纹。这是一种小型无毒蛇，入夜后特别活跃，主要以鸟蛋或者其他爬行动物的蛋为食。成年的中国小头蛇体长

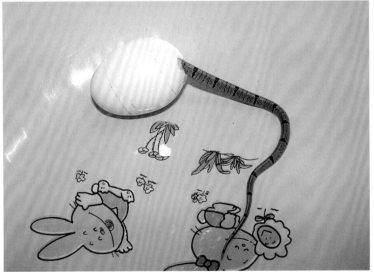

★ 吮吸蛋液的中国小头蛇

约 60 厘米，这条只是幼蛇，还不到 30 厘米。与其他蛇类相比，小头蛇的脑袋又短又小，估计是为了方便钻进蛋里吮吸蛋液。蒋珂怕它饿着，特意去农贸市场买了颗鸡蛋，剥掉一小块蛋壳，凑到小头蛇嘴边。只见它伸了伸舌头，果然自己就钻到了鸡蛋里，身体后半截留在外面，肚子一张一合，肯定是在大快朵颐。

第二天一大早，我们约了两辆摩托车，往山上驶去。经过一座凉亭时，正好看到有商贩在摆摊，面前摆了不少瓶瓶罐罐。走近一看，原来各式饮料瓶里居然都装着肥螈。我喜上眉梢，心想这也来得太容易了吧。商贩大妈面前的地上还摆了个塑料盆，里面有条体型不小的肥螈。我高兴地蹲下来，准备好好打量下所谓的南昆山肥螈。谁知这一细看，整个人如同当头被泼了一瓢凉水。它全身棕黑，身形细长，背部两侧有断断续续的红色条带。这不就是常见于全国花鸟市场的浙江种群吗？我在大洋山时就采集到了外形类似的个体。如此看来，这多半是商贩从花鸟市场上买的肥螈，再装进简陋的饮料瓶里，兜售给游客冒充南昆山特产。在广东的山里碰上从浙江倒卖来的肥螈，当真令我哭笑不得。

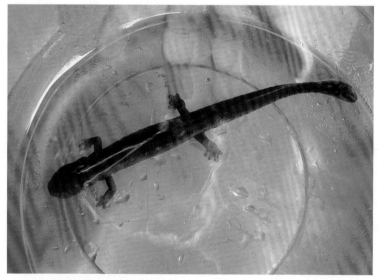

★ 产自浙江的肥螈被冒充南昆山特产

巧取姑婆

经历了令人痛苦的审稿与修改后，我的第一篇关于肥螈的论文终于在老牌动物分类学杂志 *Zoologica Scripta* 上发表了。这是世界范围内首次系统性讨论肥螈属各个物种之间进化关系的研究，文章不仅揭示了肥螈属内潜在的生物多样性，还指出过去将其简单分为黑斑类群与无斑类群的做法是有问题的。

为了后续研究，我需要采集更多地方的肥螈，其中之一便是广西东北部的姑婆山。它离贺州市区很近，属于南岭五岭中的萌渚岭，主峰海拔 1730 米。1982 年广西师范学院发表的一篇文章曾提到，姑婆山里松镇附近的山溪里面有大量的无斑肥螈。具体大量到成什么程度呢？原文说的是"社员在一天中共采获 5796 条"。姑婆山对我而言，就如同 19 世纪中期加利福尼亚在淘金者心目中的形象——遍地是黄金。

广西靠近热带，刚刚立夏就能感觉到温度与雨量的攀升。为了赶在雨季之前完成工作，我五月便来到了桂林。这次接待我的是白刚，两年前他领着我逛了桂林有名的西门菜市。当我们风尘仆仆来到姑婆山国家森林公园的十八水风景区时，已经到了下班时间，工作人员说不再接待游客了。我们只好悻悻地往回走，准备第二天再来。刚出景区没多远，我瞥见小路边有个茅草屋，门柱上的木牌写着出售草药。我寻思卖草药的村民肯定经常上山，既然资料上说姑婆

★ 姑婆山云雾缭绕

山的肥螈数量众多，那他们很可能碰到过肥螈。

　　茅草屋中坐着一个中年村民，个子不高，正在把乱七八糟的枯藤扎成捆。他以为我们是城里来的游客，连忙站起来展示簸箕里、墙上以及碾成粉的各种草药。我客气地打断了他，掏出肥螈照片，问他认不认得这种生活在水里的小动物。听到我们无意购买草药，村民脸上露出失望的神色，不过还是把照片接了过去。村民看得很仔细，又翻到照片背面，我连忙解释背面啥也没有。他最后指着无斑肥螈，用肯定的语气说："我见过这种，山冲里有很多。"

　　我正暗自庆幸找对了人，村民又补充道："水潭里还有另一种，你照片上没有，皮肤麻瘩瘩的。"我一听就明白了，他不仅知道肥螈，还见过当地特有的瘰螈——富钟瘰螈。富钟瘰螈仅分布于广西东北部的贺县、富川、钟山以及临近的湖南道县、江永。它的名字就是由富川、钟山二县而来。富钟瘰螈在外观形态与我去年发现的云雾瘰螈类似，但头部没有后者那么宽，而且四肢更为细长。如果这次能在采集肥螈的同时收获几条富钟瘰螈，那无疑是对我额外的奖励。于是我和村民约定，明天再来拜访，他带我们上山寻找肥螈和瘰螈。我虽然不买草药，但可以付"向导费"。村民喜出望外，连口答应。望着远处云中缥缈的山峰，我脑海中浮现出几千条肥螈挤在溪流里的壮观场面。

第二天村民早早把草药搬进屋子，锁了门，等着带我们上山。进入景区后没多远，我们路过一处人工造景的水池。研究蝾螈的时间久了，只要有水的地方，我都本能地多看几眼。这一看不要紧，居然在假山下面发现有个东西露出半截脑袋，这不正是富钟瘰螈吗？池壁很高，瘰螈自己爬不进去，它多半是被工作人员扔进水池的。我看得心痒痒，怎样才能把瘰螈捉上来？假山下面空间有限，抄网施展不开。我也不敢贸然下水，且不说水有一米多深，就算不怕湿了衣服，瘰螈肯定会感受到水的波动，躲回石缝里。我又想起用蚯蚓钓瘰螈的办法，可几个人浑身上下摸遍了，连根线头都没有。我急得抓耳挠腮，瘰螈却依然静静地趴在水下，一动不动，如同水中的月亮，看得见，摸不到。我气急败坏地捡了块石头，咚的一声扔进水里。水面恢复平静之后，瘰螈果然不见了。就当从没看到过吧。

顺着小路上了山，路过几处瀑布之后，村民带我们下到水潭边，开始在水流相对平缓的浅水处搜寻。突然，他猛地跃入齐膝深的水中，猫着腰向水中抓去。等他再跨上岸，手里已经捏着一个扭动的东西，

★ 村民在水潭边搜寻

正是瘰螈。所谓失之东隅，收之桑榆。这条富钟瘰螈全长差不多 15 厘米，背面皮肤非常粗糙，如村民之前所说，麻瘩瘩的。背面橄榄色，正中有一条隆起

的脊线，略微成橘红色。腹面则相对光滑，有不规则的橘黄色色斑。我本以为水潭里肯定还有更多的富钟瘰螈，可沿着水边来回走了几趟，也没能发现它的伙伴。村民又领我们去搜寻了另外几个水潭，再无所获，只好下山。

★ 富钟瘰螈

　　这趟没见到肥螈，我实在心有不甘，不是说当地种群数量巨大吗？走出景区后，我依然在大门外徘徊，心里盘算着要不要与村民商量，再去附近山头碰碰运气。白刚则端着相机在四周溜达。景区门口左侧的小坡上，有一栋三层楼的老房子依山而建。房子破旧不堪，推拉窗上的玻璃已经碎了几扇，看样子是废弃的宾馆。白刚先是在楼外转悠，然后朝着靠山的墙角走了过去，或许他在寻找值得拍摄的花花草草。只见他停了下来，低着头，似乎看到了什么东西。我站在坡下，顺着他的角度，能看到墙头有一股山泉，正顺着白色塑料管淅淅沥沥地落下，墙角的部分则被挡住了。我心里嘀咕，白刚看到啥了？

白刚抬起头，正好与我四目相对。他左右望了望，四下里没人，忽然猛地向我招手，示意我马上过去。我搞不清他葫芦里卖的什么药，走近一看，地上居然有个绿色的大塑料盆，正好接住墙头落下的泉水。盆里的水早满了，汩汩地往外淌。再看盆里装的东西，我顿时气血上涌，脸唰地滚烫了——密密麻麻的肥螈像泥鳅一样挤在一起，黑乎乎的，层层叠叠，根本分辨不出有几百条。旁边还有一个塑料盆，也装了大半盆肥螈。很明显，它们都是被人捉到后临时养在这个秘密角落的。难怪今天上山一条肥螈都没见着，原来被人提前下手了。慕名来姑婆山，没碰上肥螈满溪流，倒看见肥螈满塑料盆。

现在摆在我俩面前的问题是下一步怎么办。我低声问白刚："敢不敢拿？"白刚说："有什么不敢！"我们站的位置离景区大门有五六十米，中间只隔着一道围栏与零星几丛杂草。在工作人员眼皮子底下拿肥螈，心里肯定犯怵。不过山上的肥螈都被人捉了起来，我实在没办法，只能出此下策。况且肥螈是野生动物，他们捉肥螈绝非出于善意，所以我们"巧取"几条用作科学研究，也算不得"偷"。

为了进一步侦测地形，我再次走下坡，打量四周。坡下是开阔的水泥路面，我招呼司机把汽车发动起来，如果出了问题，可以一踩油门就走。安排妥当后，我装出漫不经心的样子，重新朝老楼走去。我不时蹲下来看地上的野花，表现得对什么都好奇，其实是在偷瞄大门口的工作人员。他们并没有什么异常，仍然在抽烟聊天。

回到白刚身边，我才意识到一个严重的问题——刚才顺手把书包放车上了，现在两手空空，拿什么装肥螈？我俩面面相觑。沉默几秒钟后，我提议直接塞裤兜里。我俩蹲下来，根据光的直线传播原理，我们看不到工作人员的时候，他们也应该看不到我们。不敢多耽搁，我像饿虎扑食一样，伸手到盆里猛地抓了一把。肥螈全身是黏液，单手很难抓稳，但由于数量实在太多，这一把还是抓到好几条。肥螈的脑袋、身体、尾巴开始从指间往外钻。我顾不得擦手，立刻塞进牛仔裤的口袋。白刚也依葫芦画瓢。担心数量不够，两人又各自抓了一把。这下裤子左右口袋都塞了肥螈。肥螈在裤兜里扭来扭去，腿上湿了一大片。

我们反身往回走，想跑又不敢，怕引起工作人员的注意。汽车就在坡下，但走了很久都没走到。两人不说话，都憋着一口气，心脏怦怦狂跳，上身紧绷，脚下却控制不住地越走越快。总算回到汽车旁，还好没人跟上来。我俩跳上车，吆喝司机，快走！直到把景区大门甩在身后，我才长舒一口气，去掏裤子里的肥螈。我们每人抓了两把，心想数量肯定不少。结果我和白刚把裤兜翻了个底朝天，总共才六条，肯定刚才有不少从指缝中溜出去，落回了盆里。六条就六条，不敢再回去了，心脏受不了。

与卖草药的村民道别后，我们带着瘰螈和肥螈回到贺州。这一趟有惊无险，倒也完成了任务。我仔细观察后发现，虽然同属广西，但姑婆山的肥螈比猫儿山与大瑶山的个头都小，平均长度大约只有后者的三分之二。它们背面的颜色也更深，呈棕黑色。腹面颜色比背面浅，具有浅橘红色斑或橘黄色斑。与其他地区的肥螈相比，姑婆山的种群最明显的特征是手指与脚趾背面带有淡淡的橘黄色。起初我并没有太在意这些区别，直到几年后，中国科学院昆明动物研究所的袁智勇博士通过研究发现，姑婆山的肥螈与同属其他物种在DNA上有明显的遗传分化。我们讨论后，认为应该将其鉴定为一个新物种。袁博士将其命名为吴氏肥螈（*Pachytriton wuguanfui*）。当然不是为了纪念我，而是向中国科学院成都生物研究所的吴贯夫老先生致敬。老先生一生致力于中国两栖与爬行动物的研究，在系统分类学、细胞核型学、骨骼学上做出了重大贡献。说来凑巧，吴老正是领我入门的引路人。如果不是他当年带着我们一帮小孩去了趟峨眉山，我，还有当时同行的蒋珂，都肯定不会走上研究两栖爬行动物的道路。所以用吴老先生的姓氏来命名这个肥螈新物种，实属我辈的荣幸。

★ 姑婆山的新物种——吴氏肥螈

福地灵山

通过几个夏天的野外工作，加上朋友帮忙，我收集的肥螋种群已经基本覆盖了华东南大部分地区，剩下的工作就是查漏补缺。在拿到安徽黄山的肥螋后，我注意到，黄山所在的山脉自东北向西南延伸，由安徽进入江西境内。江西有名的三清山就在这条山脉上。我推断，既然黄山有肥螋分布，那么江西也应该有。斟酌之后，我选择了上饶县的灵山作为最后一个野外工作地点。

从地形图上看，地壳上隆起的灵山如同一轮削得薄薄的新月，又有人说像侧躺入睡的美人。在江西，似乎山峰都与宗教多少有关系，比如道教仙都三清山和道教仙境龙虎山。位于这两者之间的灵山也不例外，属于道家七十二福地之一。希望我的野外工作有个漂亮的收尾吧。我与张小蜂同行，从南昌坐火车抵达上饶，再换乘中巴车，来到了灵山脚下的清水乡。五月底的太阳已经明晃

★ 月牙形的灵山就在眼前

★ 梯田里会有蝾螈吗？

晃地让人睁不开眼。在医疗站买了瓶高浓度酒精后，我和张小蜂一人坐一辆摩托车，往山上的村子驶去。刚出清水乡，就看到拔地而起的灵山。

摩托车师傅把我们带到山上的小村子，正好碰上一个扛锄头挎背篓的老大爷。我拿出肥螈照片问他，老大爷表示没在小溪里见过，但梯田里有一种模样差不多的动物，也有四条腿和扁扁的尾巴，只是没我比画的那么大，约有一个指头长。老大爷补充道："我们这儿管这种东西叫'水壁虎'，犁田的时候最容易见到。"我顿时反应过来，虽然浙江有的地方称肥螈为"水壁虎"，但老大爷描述的肯定不是肥螈，倒很像是蝾螈属的物种。在有尾目动物中，蝾螈既可以泛指所有蝾螈科的动物，如肥螈、瘰螈、疣螈，也可以具体指蝾螈科中的蝾螈属，如东方蝾螈、蓝尾蝾螈和已经灭绝的滇池蝾螈。根据蝾螈属的地理分布，在江西有分布的很可能是东方蝾螈。

我求老大爷带我们去他家的梯田看看。他开始有点儿犹豫，担心耽搁他的时间，但最终还是答应了。正好他要犁田，也就是他说

★ 犁田是我们最后的机会

的最容易碰到蝾螈的时候。目前田里只有杂草与水藻，要等泥土全部翻过以后，才会插秧。我满怀期望地在田埂上跑来跑去，希望能在水底看见缓慢爬行的蝾螈。然而我仔仔细细从水田一头找到另一头，却没发现任何蛛丝马迹。老大爷做完了准备工作，把黄牛从灌木丛背后牵了出来。黄牛自觉走到田里，安静地让套犁的木棒搭在脖子后面。它似乎只使了三分力气，犁铧便四平八稳地在它身后翻出浅色的淤泥。黄牛前进的速度很快，使平静的水面上扬起小小的波浪。

★ 浑水摸蝾螈

我顾不得水里是否有蚂蟥，也跳进田里，紧跟其后，目不转睛地盯着浑浊的泥水，幻想着一个灰黑色的小身影随着泥水翻出来。突然，泥里当真窜出个什么东西，我稍微一愣神，它就摇着尾巴向田埂边游去了。我兴奋地大跨步追上去，与张小蜂一阵围追堵截后，终于逮住了这个家伙。仔细一看，不过是条比筷子还细的黄鳝。

　　失望之余，脑子反而清醒了许多。蝾螈很少会像泥鳅、黄鳝那样全身钻到泥里，如果犁地前没发现，现在也不会有。老大爷之所以认为犁地时容易见到，无非是因为他不会在别的时间专门去留意梯田里的蝾螈罢了。老大爷停下脚下的犁铧，指了指身后，说坡上有条小路，你们可以顺着上去，山上的水塘里说不定也有你们要找的"水壁虎"。我琢磨着，在这儿待着也是浪费时间，不如上山撞撞运气，找蝾螈与肥螈。

　　尽管只是初夏，但没走多久，我俩的脸上就开始冒出汗珠，呼吸与小腿都变得沉重起来。凹凸不平的山道上，到处都是露出半截的岩石。大的石头可以绕边或者跨过去，就怕碰到半大不小的，正好硌在脚窝里，一不留神就可能把脚崴了。走了近一个钟头，连水潭与小溪的影子都没看到。山路似乎到了尽头，变得无迹可寻。我用衣服擦了擦眼镜上被体温烘出来的蒸汽，一屁股坐了下来。从早上到现在，只吃了些早点，两人都已经饥肠辘辘，幸好书包里还有些零食与矿泉水。我们没办法判断是否走岔了道，也不知道水塘到底还有多远。鉴于前方已经分辨不出山路在哪儿，我们只好按原路返回。毕竟找不到水塘事小，在山上迷路事大。我心中满是失望，看来灵山也不灵啊。

★ 山路上遍布露出一小截的岩石

回程时脚下生风，我们一口气走回到了中午遇见老大爷的地方。碰巧有几个村民路过，我不死心，又向他们询问是否见过"水壁虎"。众人纷纷摇头，让我开始怀疑自己最初对灵山有肥螈的推断，或许根本就是在浪费时间。没想到最后一趟野外工作并不顺利。我蹲在路边的田埂上，盯着刚刚犁过的梯田发呆，心想或许应该转移阵地，打电话叫乡里的摩托车师傅上山来接我们。张小蜂也在一旁蹲下来，捡了根树枝，无聊地拨拉着田里的水藻。

　　一个浑厚的声音忽然从背后传来："你们两个在干什么？"我回头一看，原来是个中年大叔，背着手，带了个小男孩，站在我们身后。我无精打采地随口答道："我们在找'水壁虎'。"大叔干咳一声："这田里哪儿有什么'水壁虎'，那东西要天黑了到山上的溪沟里去找！"短短两句话，在我听来如同晴空中响个惊雷。天黑，山上，溪沟，这不正是肥螈的生活习性吗？原来当地人管蝾螈与肥螈都叫"水壁虎"。毫无疑问，大叔是见过肥螈的。灵山果然有肥螈！我手忙脚乱掏出照片，大叔表示肯定，就是这个东西。希望之火本已燃

尽，只剩斑驳的火星，现在被风一吹，火焰腾地重新蹿了起来。我激动地问大叔能不能带我们去捉肥螈。他摇头，要在家里带孙子，没空。不过大叔话音一转，说有个亲戚小伙经常上山捉石蛙，说不定可以帮忙。他掏出手机打了个电话，对方答应今晚就上山去找找。真是山重水复疑无路，柳暗花明又一村。

大叔的家就在不远处的山坡上，原来我们刚才蹲的就是他家的梯田。大叔搞不清我俩搞什么名堂，不放心，才带着孙子过来瞧一眼，没想到让我们歪打正着。灵山是道家福地，道家讲究韬光养晦，需先经历一些挫折，之后才能顺风顺水，看来最后一次野外工作亦是如此。何去何从，今晚揭晓。

吃过晚饭，我们帮着大娘把碗筷收拾好，便逗着家里的孙子孙女。这些举动既能拉近人与人之间的距离，也能消磨因等待而变得漫长的时间。在齐云山脚下，张小蜂就表现出了与小朋友互动的能力，所以今晚他又是主力，拿着电蚊拍，带着小孙子到处拍蚊子。我则

★ 柳暗花明

跟随大叔去瞧瞧过夜的地方。屋后不远处有一栋三层的砖楼，大门紧锁，我们从外墙的楼梯直接上到三楼。这里曾经是村里施工队的办公室，后来闲置了，村民便把家具瓜分了，只在三楼的墙角留了张木床和几条板凳，供人值班用。不过床上的被褥还比较新，我和张小蜂挤一挤，凑合过今晚不是问题。

从野外工作的第二年起，我就开始莫名其妙地对村民家的床铺过敏。无论被褥新旧，只要睡一晚，背上和腰部就会出现红疹，奇痒无比，而且越挠越痒，皮肤上全是挠出来的血印子，惨不忍睹。我一度以为是被臭虫跳蚤之类的小虫子咬了，但中医说是湿气所致，给我开了湿毒清胶囊。我知道明天难逃一痒，

提前把背包里的湿毒清胶囊翻了出来。不过只要能采集到肥螈，再大的困难都能克服。

　　初夏，山村的夜很静，鸣虫尚未登场。只有偶尔一两声犬吠，才让我觉得时间没有静止。张小蜂已经睡熟了，我还睁眼望着屋里的一盏电灯。床太挤，怎么睡都不舒服。失眠的真正原因是担心能否找到肥螈，如果今晚失利，明天就要离开这里，重新制定路线。我心里不断盘算着各种可能性，脑子始终静不下来。时近午夜，外面的楼梯上忽然传来一阵响亮的脚步声，在宁静的夜里听得十分清楚。啪啪啪，有人拍门。我急忙跳下床，趿拉着胶鞋，打开门，果然是大叔和他家亲戚。我往楼下望了望，漆黑的院子里停着辆摩托车，车灯还亮着。大叔亲戚从身后拎出个塑料口袋，袋子里沉甸甸的，显然有东西。

★ 最后一次处理肥螈

我咽了口唾沫，从对方手中接过塑料口袋，打开一看，是挤在一起的五条肥螈。我长吁一口气，总算捉到了。它们的外形与浙江的类群接近，不过个头更大一点儿，体色接近深巧克力色。这些肥螈的腹部没有整块的色斑，全是小碎花。其中几条雄性的尾巴上有一连串白色的斑点，个别的还连成了短条纹。这个特征在浙江、福建与粤北等地的肥螈中已经多次见到。《中国动物志》本来把黄山附近的种群归到无斑肥螈里面，然而就在这一年，日本人将其另立为独立物种，改名叫费氏肥螈（*Pachytriton feii*）。因此我推断，今天捉到的肥螈也应该属于后者。想到它们将是我读博期间处理的最后几条肥螈，心情就有些五味杂陈。

　　第二天，我的背和腰不出意料地开始发痒。根据以往的经验，瘙痒很快会

★ 跟随大婶寻找蝾螈

演变成一浪高过一浪的巨痒，吓得我赶紧找大叔要了开水服药。我们正准备收拾背包下山，邻居大婶忽然敲门。她听说有两个学生专程从外地来村里寻找"水壁虎"，今天上午她碰巧在田埂边看到了，便特地过来通知我们。大婶口中的"水壁虎"肯定不会是肥螈，倒可能与昨天老大爷描述的是同一个东西。刚收获了肥螈，蝾螈又自己送上门来了。灵山果然是块福地！

　　我们跟着大婶在层层梯田之间绕来绕去，最终来到一处看起来普普通通的水田边。我以为要在田里浑浊的泥水中寻找，邻居大婶却指向了夹在水田与山坡之间一条微不足道的小水沟。水沟宽度大约 30 厘米，深度不足 10 厘米，周围杂草丛生。如果没有村民指点，我们

★ 田边的蝾螈唾手可得

★ 蝾螈悠闲地在水底漫步

★ 给蝾螈拍生态照片

绝对不会注意到水沟的存在。我本以为需要穷尽目力，才能发现"水壁虎"，没想到刚弯下腰，心中咯噔一下，它就已经闯入了我的视野。不出所料，果然是蝾螈属的物种。我稍稍挪动视线，又发现好几条，有的大大方方趴在水底，有的在水底缓慢地爬行，还有的犹抱琵琶半遮面，只从水草中探出个小脑袋。粗略估计，这条三米长的水沟里起码聚集了五六十条蝾螈。相比只生活在溪流上游的肥螈而言，蝾螈更偏好静水环境，比如水草丰富的沼泽、浅水塘或稻田附近。由于我们没有惊动它们，张小蜂可以尽情地拍摄蝾螈在原生环境中的状态。这份轻松的心情与捉肥螈时大不相同，不用担心它们嗖地钻进溪底的石缝中，竹篮打水一场空。

根据蝾螈属的地理分布，只有东方蝾螈生活在江西。东方蝾螈是宠物市场上的常客，也是我们最容易见到的有尾类动物，大多被摆在金鱼摊的旁边。与肥螈不同，蝾螈的四肢更细长，方便它们在陆地上爬行，以应对水塘干涸的风险，必要时可以寻找新的水塘。同时由于不需要在激流中游动，蝾螈的尾巴远不如肥螈粗壮，但相应地也减少了爬行时的负担。东方蝾螈大多数背面为黑色，伴有蜡质光泽，腹面橘红色，散布着黑色斑块。个别地方的种群背面会出现深浅不一的斑纹。灵山的蝾螈就是如此，几乎个个都长着明显的黑斑，背部中央还有一条清晰的暗红色脊线。我曾怀疑黑斑的出现与生长环境有关，因此带了几条回家，在清澈的鱼缸里养一年多后，色斑并没有消退。后来的 DNA 数据表明，灵山的蝾螈与宠物市场的东方蝾螈并没有太大区别，的确属于同一物种。

★ 饲养一年后，蝾螈的黑斑依然清晰

从灵山回来，我们找到在南昌工作的小莫。时隔三年，三人又聚在一起。要不是当年他在湖南莽山做生态调查，我们肯定进不了保护区，也就没有了后来的黄斑肥螈。华灯初上，我们在赣江边散步，重温当年跋山涉水的乐趣。有聚终有别。第二天，小莫照常上班，我结束了全部的野外工作回家，张小蜂则坐上西去长沙的列车，三人各奔前程。

读博期间的野外工作就这样平静地结束了，学业剩下的时间用来准备论文与毕业答辩。从2007年到2011年的五个夏天里，我在很多城市、乡镇、山村中留下足迹。这份独特的经历，成为我一辈子受用不尽的财富。

野外工作带有很强的目的性，如果目标不能达成，浪费的不仅是经费，还有宝贵的时间，因此必须付出百分之百的努力，并随时保持清醒的头脑。一条路走不通，就得立刻调整，以寻找完成目标的最佳途径。天时，地利，人和，缺一不可。

我的另一个感悟是与人打交道并不简单。如何在最短时间内获取对方的信任，是能不能捉到肥螈的关键。每个人感兴趣的话题千差万别，如何不让聊天冷场，乃至把话题自然而然地引导到捉肥螈上，都是技巧活儿。

一路走来，有不少志同道合的朋友帮忙。若没有他们与我同行，或许每一次旅行都将空手而归，整个课题都可能变成纸上谈兵。固然有的人会成为一辈子的挚友，而有的人挥手告别后，可能再没有见面的机会。我珍惜与他们在一起的时光，这些时光凝聚成美好的回忆，点缀在这条翻山越岭的路上。

野外工作不仅是培养综合能力的好机会，更是一种人生历练。它充满了挑战，同时也富于馈赠。其实每个人的工作何尝不是如此。平凡或简单的表象下隐藏着高山与深涧。只有竭尽全力，才能抓住苦苦追寻的东西，可能是滑溜溜的蝾螈，也可能是稍纵即逝的机缘。

肥螈属分类系统的简单讨论

　　作为中国的特有物种，肥螈属在很长时间内都只有两个物种——黑斑肥螈与无斑肥螈，两者分别发表于 1876 年与 1930 年。几十年过去了，似乎所有人都认定不会再有新的肥螈物种。因为如果有，早就该被人找到了。然而科学研究总是在人们习以为常的事物中发现新的问题。2008 年的夏天，肥螈属发表了第三个成员——弓斑肥螈，大大出乎我的意料，也促使我不得不去爬了湖南的齐云山。

　　更让人吃惊的是，随后有人发现保存在柏林洪堡大学的无斑肥螈模式标本居然压根儿不是肥螈，而是一种同样生活在金秀大瑶山溪流中的瘰螈，所以不得不重新指定无斑肥螈的模式标本，并将拉丁名从 *Pachytriton labiatus* 改为 *P. inexpectatus*。有学者建议将中文名改为瑶山肥螈，但我认为应该沿用无斑肥螈这个名字，因为中文名不一定需要跟着拉丁名改动，而且无斑肥螈在中文文献中使用了几十年，已经约定俗成，改名会造成不少困扰。

　　弓斑肥螈的发现拉开了肥螈新物种登场的序幕。短短十年时间里，又有七种肥螈被发表，其中也有我的功劳。这一方面得益于 DNA 分析被引入分类学，使得我们能够区分那些外观差异很小的物种；另一方面是由于越来越多的学者关注中国两栖爬行动物，在国内开展了许多野外考察活动。由此，肥螈变得"螈"丁兴旺，从最初两个物种扩展到现在的十个成员。根据"中国两栖类"信息系统数据库，这十种肥螈的分布如下：

　　南方肥螈（*Pachytriton airobranchiatus*），有无斑和黑斑两种形态，已知分布包括广东惠东莲花山以及附近的五指嶂山。

弓斑肥螈（*Pachytriton archospotus*），有无斑和黑斑两种形态，已知分布包括江西井冈山、崇义、上犹，湖南攸县、炎陵、桂东、汝城、茶陵、罗霄山西坡，广东北部。

黑斑肥螈（*Pachytriton brevipes*），有无斑和黑斑两种形态，已知分布包括福建武夷山、龙岩、武平、长汀，江西贵溪、赣州，广东车八岭。

张氏肥螈（*Pachytriton changi*），由于模式标本来自日本宠物市场，模式产地、分布范围及生物学资料均无从得知。

费氏肥螈（*Pachytriton feii*），有无斑和黑斑两种形态，曾经被认为是无斑肥螈的华东种群，已知分布包括安徽九华山、祁门、歙县、休宁、黟县，江西东北部。

秉志肥螈（*Pachytriton granulosus*），有无斑和黑斑两种形态，曾经被认为是无斑肥螈的华东种群，已知分布包括浙江安吉、德清、东阳、奉化、阜阳、黄岩、开化、乐清、临安、临海、金华、建德、缙云、宁波、衢州、天台、桐庐、温岭、象山、萧山、新昌、义乌、余杭、镇海，福建福鼎、仙游、德化。

无斑肥螈（*Pachytriton inexpectatus*），仅有无斑形态，已知分布包括贵州雷山、绥阳，湖南城步、新宁、江永、洞口、黔阳、新化、武冈，广西龙胜、兴安、资源、环江、金秀、桂平、宁河、蒙山、榆林。

莫氏肥螈（*Pachytriton moi*），仅有无斑形态，已知分布包括广西龙胜、资源。

吴氏肥螈（*Pachytriton wuguanfui*），仅有无斑形态，已知分布包括广西贺州市姑婆山、湖南道县洪塘营镇茶花坪。

黄斑肥螈（*Pachytriton xanthospilos*），仅有无斑形态，已知分布为湖南和广东交界的莽山。

后 记

从 2016 年动笔开始，我就曾无数次期待落笔的这一天。中学时尝试过写动物小说，结果憋出两万字后实在无法往下编。然而本篇游记并非虚构，记录的全是自己的亲身体验，本来计划三万字，写着写着发现内容已经不受控制，恍然间如野火燎原，酝酿中的结尾反而离我越来越远。灵感来时当真有"文思如尿崩"的畅快，不顺利的时候则比前列腺炎患者上厕所还难。尽管后一种情况居多，我这种缺乏恒心的人居然坚持了下来。

从动笔到第一稿落笔，相隔了两年有半，虽然中途花了五个月翻译一本蛙类著作，但如此蜗牛般的速度依然让自己汗颜。修修改改，又花了近两年的时间。白天上班，只能利用晚上或周末的空闲时间，图个积少成多，写一点算一点。然而开始还知道笔耕不辍，后面就成了三天打鱼两天晒网。出差参加学术会议之前，总想着好好利用独自住酒店的机会多写几段，结果往往不能如愿。平时即使端坐在电脑前，也常常无法组织起通顺的句子来准确描述记忆中的场景，导致半天写不出三言两语。

毕业多年后，一个人静静回忆往事，思绪如飞絮万千。每个人都有自己的路，无论努力与否，时间都不可能停歇。唯有经历过挫折与挑战，才能保持勇往直前，才能证明自己不曾过得平平淡淡。寻访记按时间顺序，分成若干章节，有话则长，无话则短。章节标题受了《鬼吹灯》的影响，硬凑成四个字，不一定提纲挈领，只是为了划分野外工作的进展。后记本未刻意追求押韵，写成这个样子，纯属好玩。

谨以此书，纪念我曾翻山越岭的那些年。

致 谢

　　这不仅仅是一本书，而是数年的亲身经历，如同走马灯似的回放，其中有很多人影，他们和我一样，都是故事的主角。首先要感谢书中提到的各位同行好友，特别是好兄弟蒋珂，我的科研成果也有他们的一份功劳。还有许多不知道名字的当地人，也在我需要帮助的时候伸出援手。感谢好友王聿凡、周佳俊、袁智勇、史静耸、侯勉等提供了大量精美的两栖爬行动物照片，为本书增色不少，弥补了当年出野外时照相技术与器材的不足。感谢蛇类爱好者孟翔舒，仅通过描述和几张参考图，就用画笔还原了戴云山的翻车现场。书稿完成后，多位老师和圈内好友都提出了宝贵意见，包括好奇心书系总策划李元胜和张巍巍两位老师，本书编辑梁涛老师、余文博、齐硕、李成等。最后，也是最重要的，我要感谢我的父母和我的太太，如果没有他们的支持与鼓励，我不会走上科研之路，也就不会有今天这本书。

吴耘珂

2020年7月2日星期四